GESTÃO

SIMPLES ASSIM

O GUIA PRÁTICO DA GESTÃO EMPRESARIAL

Editora Appris Ltda.
1.ª Edição - Copyright© 2025 do autor
Direitos de Edição Reservados à Editora Appris Ltda.

Nenhuma parte desta obra poderá ser utilizada indevidamente, sem estar de acordo com a Lei nº 9.610/98. Se incorreções forem encontradas, serão de exclusiva responsabilidade de seus organizadores. Foi realizado o Depósito Legal na Fundação Biblioteca Nacional, de acordo com as Leis nos 10.994, de 14/12/2004, e 12.192, de 14/01/2010.

Catalogação na Fonte
Elaborado por: Dayanne Leal Souza
Bibliotecária CRB 9/2162

M357g 2025	Marques, Moacir Gestão simples assim: o guia prático da gestão empresarial / Moacir Marques. – 1. ed. – Curitiba: Appris, 2025. 138 p. ; 21 cm. Inclui referências. ISBN 978-65-250-7532-7 1. Gestão empresarial. 2. Pessoas. 3. Processos. 4. Controle. I. Marques, Moacir. II. Título. CDD – 338.7

Livro de acordo com a normalização técnica da ABNT

Appris
editora

Editora e Livraria Appris Ltda.
Av. Manoel Ribas, 2265 – Mercês
Curitiba/PR – CEP: 80810-002
Tel. (41) 3156 - 4731
www.editoraappris.com.br

Printed in Brazil
Impresso no Brasil

MOACIR MARQUES

GESTÃO
SIMPLES ASSIM

O GUIA PRÁTICO DA GESTÃO EMPRESARIAL

artêra
editorial
CURITIBA, PR
2025

FICHA TÉCNICA

EDITORIAL	Augusto V. de A. Coelho
	Sara C. de Andrade Coelho
COMITÊ EDITORIAL	Ana El Achkar (Universo/RJ)
	Andréa Barbosa Gouveia (UFPR)
	Jacques de Lima Ferreira (UNOESC)
	Marília Andrade Torales Campos (UFPR)
	Patrícia L. Torres (PUCPR)
	Roberta Ecleide Kelly (NEPE)
	Toni Reis (UP)
CONSULTORES	Luiz Carlos Oliveira
	Maria Tereza R. Pahl
	Marli C. de Andrade
SUPERVISORA EDITORIAL	Renata C. Lopes
PRODUÇÃO EDITORIAL	Adrielli de Almeida
REVISÃO	Marcela Vidal Machado
DIAGRAMAÇÃO	Bruno Ferreira Nascimento
CAPA	Carlos Pereira
REVISÃO DE PROVA	Jibril Keddeh

Dedico esta obra primeiramente a Deus; em nome dele estendo meus agradecimentos à minha família, representada na figura dos meus pais, José Moacir e Olga. Em especial, à minha esposa, Taise, e meu filho Bernardo, estes que caminham todos os dias lado a lado comigo, me impulsionando para desafios cada vez maiores. Por fim, agradeço aos meus amigos, professores e empresários, que me fortaleceram e colaboraram com meu crescimento até aqui e me mostraram a certeza de que tenho muito ainda a aprender.

APRESENTAÇÃO

O livro *Gestão simples assim* é agradável de ler e aborda a gestão de uma maneira disruptiva, direta e prática. Com certeza, mudará sua forma de pensar gestão e trará novos pontos de vista acerca dos conceitos tradicionais de gestão.

Nascido em Santa Catarina, em 1975, Moacir Marques é apaixonado por sua família, em especial sua esposa, Taise, seu filho Bernardo, seus pais, irmãos e sobrinha. O autor sempre se pautou por valores fortes em sua conduta, sendo uma delas a transmissão do conhecimento. Para ele: "quanto mais se repassa o conhecimento, mais é necessário aprender cada vez mais, assim o indivíduo cresce não só como profissional, mas também como ser humano!".

Este livro foi concebido para repassar o conhecimento do autor nos seus 22 anos de gestão em grandes empresas — destes, cerca de 10 anos de consultorias empresariais e mentorias a empresários e profissionais. Ademais, Moacir é gestor educacional e professor universitário, além de consultor partner GPTW (Great Place to Work) — a melhor empresa para se trabalhar.

O autor traz para este momento não somente suas experiências práticas consolidadas, como também suas experiências acadêmicas devido à sua sólida formação em Engenharia, área em que é graduado e mestre, somando-se a sua caminhada de 15 anos como professor universitário.

Esta obra foi inspirada no anseio de ajudar os gestores ou quem almeja cargos de liderança a transformar negócios de uma maneira simples e prática, sejam eles pessoais ou empresariais, tornando-os mais eficientes e eficazes.

SUMÁRIO

1
GESTÃO É SIMPLES.. 11

2
AS PESSOAS CERTAS.. 17
2.1. COMO CONTRATAR AS PESSOAS CERTAS? 18
2.2. COMO "ENGAJAR" AS PESSOAS VISANDO AOS RESULTADOS? ..25
2.3. COMO MEDIR O ENGAJAMENTO DA EQUIPE?................ 29
2.4. COMO RETER OS TALENTOS? 33

3
ORGANIZANDO OS PROCESSOS 37
3.1. ORGANIZANDO OS PROCESSOS DA ÁREA COMERCIAL.......... 43
3.2. ORGANIZANDO OS PROCESSOS DA ÁREA DE PRODUTOS 54
3.3. ORGANIZANDO OS PROCESSOS DA ÁREA DE OPERAÇÕES.... 66
3.4. ORGANIZANDO OS PROCESSOS ADMINISTRATIVO-
FINANCEIROS 93

4
CONTROLANDO OS RESULTADOS 111
4.1. DIAGNÓSTICO EMPRESARIAL 115
4.2. AUDITORIA EMPRESARIAL 118
4.3. COMO CONTROLAR UMA EMPRESA?........................ 122
4.4. COMO TOMAR DECISÕES PRECISAS? 130

5
GESTÃO SIMPLES ASSIM 133

REFERÊNCIAS.. 137

1

GESTÃO É SIMPLES

O primeiro ponto com o qual se deve concordar é que empresas, felizmente ou infelizmente, são formadas por pessoas. Cada pessoa tem suas crenças, valores e cultura. Nesse sentido, isso reflete a diversidade intrínseca que existe dentro de qualquer grupo ou organização. Essa diversidade é uma riqueza, mas também um desafio para a gestão. Compreender e respeitar as diferenças individuais é fundamental para criar um ambiente de trabalho harmonioso e produtivo.

Respeitar essas crenças é crucial para promover um ambiente inclusivo. Cada indivíduo traz consigo um conjunto único de crenças que pode ser influenciado por fatores como religião, experiências pessoais e perspectivas sobre a vida. Isso pode ser feito por meio de políticas de não discriminação e práticas que valorizem a pluralidade de pensamentos.

Assegurar que haja um alinhamento de valores, ou pelo menos um entendimento mútuo, ajuda a criar coesão e a reduzir conflitos. Os valores pessoais influenciam as contribuições que cada indivíduo traz para a equipe. Embora os valores pessoais variem, é importante que eles estejam em harmonia com os valores fundamentais da organização. Valorizando essas contribuições, a organização pode se beneficiar de diferentes perspectivas e soluções criativas para problemas.

Uma organização que reconhece as diferenças culturais (Figura 1) e está disposta a adaptar suas práticas para acomodar essas diferenças tende a ser mais flexível e resiliente. Essa adaptação pode incluir políticas de trabalho flexíveis, celebração de diferentes tradições e a promoção de uma comunicação aberta e respeitosa.

Figura 1 - Composição emocional de uma pessoa

experiências
pessoais

crenças
religiosas

Composição
Emocional de
uma Pessoa

vivências
sociais

perspectivas
sobre a vida

experiências
familiares

Fonte: o autor

A cultura de cada pessoa é moldada por sua origem, educação e experiências de vida. Ao integrar essas diversas culturas em uma organização, é possível construir uma cultura organizacional rica. Isso pode ser facilitado por meio de programas de integração, celebração de datas culturais diversas e a criação de um ambiente que incentive o compartilhamento cultural.

Ao reconhecer e valorizar crenças, valores e culturas individuais, a gestão pode criar uma organização mais inclusiva, inovadora e capaz de alcançar resultados melhores por meio da diversidade de suas pessoas. Diversidades estas de ideias, experiências, formações e vivências sociais, respeitando a hierarquia, mas também a liberdade de posicionamento e expressão de cada indivíduo da organização.

GESTÃO É SIMPLES:
SÃO PESSOAS, PROCESSOS E CONTROLES.

O segundo ponto com o qual devemos concordar é que empresas com seus processos organizados crescem sustentavelmente e produzem maiores resultados; esse é o princípio essencial da gestão eficaz. Quando os processos dentro de uma empresa são bem estruturados e organizados, isso tende a gerar uma série de benefícios que impactam diretamente o desempenho e os resultados da organização.

Uma empresa que investe na organização de seus processos está mais bem posicionada para alcançar e sustentar o sucesso a médio e longo prazos. Os processos organizados não só melhoram a eficiência, mas também contribuem diretamente para a geração de melhores resultados, tanto em termos de performance financeira quanto em satisfação dos clientes e colaboradores.

A organização e o gerenciamento eficaz dos processos são a base para uma operação bem-sucedida, que entrega valor tanto para os clientes quanto para os colaboradores e acionistas. Quando os processos são bem estruturados e gerenciados, eles garantem que as atividades sejam realizadas de forma eficiente, consistente e alinhada com os objetivos estratégicos da empresa. Processos organizados são um diferencial competitivo que pode levar a empresa a novos níveis de sucesso.

CONTRATE AS PESSOAS CERTAS E COLOQUE-AS PARA ORGANIZAR OS PROCESSOS.

O terceiro e último ponto é a famosa frase que parece clichê, mas muitos autores mencionam: "quem não controla não gerencia". O controle, principalmente nos resultados dos processos e das pessoas, é a base para a aferição de uma gestão.

O controle é uma parte essencial do processo de gerenciamento. Sem mecanismos de controle eficazes, é impossível garantir que ações, processos, recursos e esforços estejam alinhados com os objetivos da organização.

O controle é o que transforma o planejamento em realidade, garantindo que as ações e os processos levem aos resultados desejados. O controle não é apenas uma função adicional da gestão; ele é o ponto central para a capacidade de gerenciar de maneira eficaz. Sem controle, a gestão se torna reativa, dependendo da sorte ou de intervenções de última hora para alcançar os objetivos, em vez de ser proativa e estratégica.

MONITORE OS RESULTADOS DOS PROCESSOS POR MEIO DE CONTROLES PARA AFERIR SE AS PESSOAS ESTÃO EXECUTANDO, DE FATO, PROCESSOS DE FORMA ORGANIZADA E DE FORMA EFETIVA.

As pessoas devem ser capacitadas e motivadas para seguir processos bem definidos, que são monitorados e ajustados por meio de controles rigorosos. Essa sinergia cria uma base sólida para crescimento sustentável, inovação e sucesso a médio e longo prazos. Integrar pessoas, processos e controles empresariais de forma eficaz é o caminho para construir uma organização eficiente, adaptável e orientada para resultados.

Portanto, pessoas, processos e controles empresariais (Figura 2) são os três pilares fundamentais que sustentam uma gestão eficaz e o sucesso de qualquer organização. Eles estão interligados e, quando bem integrados, podem levar a uma operação eficiente, produtiva e alinhada com os objetivos estratégicos da empresa.

Figura 2 – Gestão: simples assim

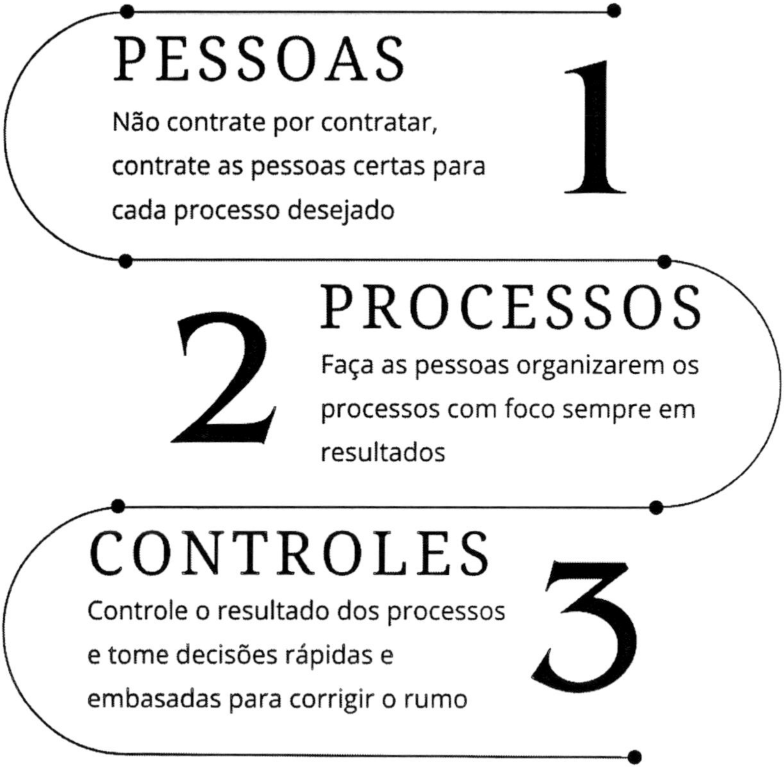

PESSOAS
Não contrate por contratar, contrate as pessoas certas para cada processo desejado

1

PROCESSOS
Faça as pessoas organizarem os processos com foco sempre em resultados

2

CONTROLES
Controle o resultado dos processos e tome decisões rápidas e embasadas para corrigir o rumo

3

Fonte: o autor

Contudo, analisando estes três aspectos: pessoas, processos e controles, conclui-se que gestão é simples! Contrate as pessoas certas, coloque-as para organizar os processos e controle seus resultados. Isso reflete uma abordagem estratégica essencial para o sucesso de qualquer organização. Ela sublinha a importância de começar pelo recurso mais valioso da empresa: as pessoas. Quando você seleciona os talentos adequados e os envolve na organização dos processos, você cria uma base sólida para o crescimento sustentável e eficiente.

CONTRATE AS PESSOAS CERTAS, COLOQUE-AS PARA ORGANIZAR OS PROCESSOS E CONTROLE SEUS RESULTADOS.

Essa estratégia garante que os processos não apenas funcionem bem hoje, mas que estejam preparados para evoluir e se adaptar às necessidades futuras da organização. Ao colocar as pessoas no centro da organização e otimização dos processos, a empresa não apenas melhora sua eficiência e qualidade, mas também constrói uma base sólida para a inovação e o crescimento contínuo.

Entretanto, monitore os resultados desses processos por meio de controles para aferir se as pessoas estão executando, de fato, processos de forma organizada e de forma efetiva, alinhados com os objetivos da empresa. Desta forma, fica evidente a importância do controle contínuo para garantir que os processos organizados estejam realmente entregando os resultados esperados. A monitorização eficaz permite que a empresa identifique problemas, faça ajustes e melhore continuamente seus processos.

Por fim, controles bem implementados fornecem uma visão clara do desempenho, ajudam a identificar problemas rapidamente e permitem que a empresa responda de forma proativa a mudanças e desafios. Essa prática de monitoramento contínuo é essencial para a melhoria contínua e para o sucesso sustentável da organização.

2

AS PESSOAS CERTAS

As pessoas são fundamentais para o sucesso de uma empresa. Isso parece lugar-comum, mas as organizações, na prática, não dão tanta importância para esse ponto como realmente deveriam. Na prática, algumas áreas de pessoas se preocupam mais com a meta de completar quadros de vagas de profissionais solicitados do que trazer realmente as pessoas de que a empresa necessita.

A gestão eficaz de pessoas envolve liderar, motivar e desenvolver a equipe, garantindo que cada indivíduo esteja alinhado com os objetivos da empresa e tenha os recursos necessários para desempenhar suas funções com eficiência. As pessoas são o coração de qualquer organização.

O QUE FAZ CRESCER UMA EMPRESA SÃO AS PESSOAS, CONTRATAR AS PESSOAS CERTAS É O PRIMEIRO PASSO PARA O SUCESSO ORGANIZACIONAL.

As pessoas trazem habilidades, criatividade, inovação e o esforço necessário para transformar recursos em valor. O princípio central da gestão e da estratégia organizacional são as pessoas; sem estas, nenhuma empresa pode prosperar, independentemente de quão bons sejam seus processos ou quão sofisticados sejam seus controles.

Investir nas pessoas, criando um ambiente que valorize, desenvolva e motive os colaboradores, é fundamental para garantir que a empresa continue a crescer e prosperar em um mercado competitivo. As pessoas são o ativo mais importante de qualquer empresa, elas não só realizam as operações diárias, mas também impulsionam a inovação, criam a cultura organizacional e constroem relacionamentos que são essenciais para o sucesso a longo prazo.

Contratar as pessoas certas é um dos maiores desafios e, ao mesmo tempo, uma das tarefas mais críticas para o sucesso de uma organização. Contratar pessoas é um processo que requer planejamento, clareza e rigor. Selecionar os colaboradores adequados para a empresa não só contribui para a construção de equipes eficazes e produtivas, mas também reduz a rotatividade, melhora o ambiente de trabalho e fortalece a cultura organizacional.

2.1. COMO CONTRATAR AS PESSOAS CERTAS?

A contratação de pessoas deve passar de apenas meta de áreas de gestão de pessoas para realmente ser responsável pelo resultado do processo em que foi solicitado o colaborador. Qualquer empresa tem que focar primeiro na contratação de um excelente gestor de pessoas (recursos humanos, gente e gestão etc.), pois é, sem dúvida, a posição mais importante da organização – até mais que o *Chief Executive Officer* (CEO).

QUALQUER EMPRESA TEM QUE FOCAR PRIMEIRO NA CONTRATAÇÃO DE UM EXCELENTE GESTOR DE PESSOAS, POIS É, SEM DÚVIDA, A POSIÇÃO MAIS IMPORTANTE DA ORGANIZAÇÃO.

Para começar um processo de aquisição de profissionais (Figura 3) para a organização, devemos levar em consideração diversos aspectos, porém o gestor de pessoas deve conhecer bem o processo e os resultados esperados por este, pois será ele que irá buscar no mercado as opções de pessoas certas para determinados processos e ainda será um decisor em conjunto com o líder da área na contratação.

Figura 3 – Processo de aquisição de profissionais

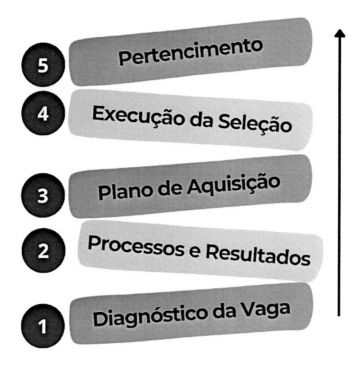

Fonte: o autor

1. Diagnóstico da vaga: conhecer o caráter da oportunidade (nova ou substituição), entender a motivação da vaga e as expectativas.
2. Processos e resultados: entender o processo (mesmo que macro) e conhecer os resultados que a área deve entregar.

3. Plano de aquisição: definir a persona para o cargo, definir a pessoa responsável pela busca na equipe de pessoas e os meios de procura do profissional solicitado.

4. Execução da seleção: buscar meios tradicionais e meios criativos e inovadores para a busca. Sim! Na seleção de profissionais, pratica-se muito a inovação!

5. Pertencimento: fazer que desde o primeiro momento o novo profissional se sinta em casa, quanto mais rápido isso acontecer, mais rápido vai poder colaborar com a empresa.

A definição clara das necessidades é um ponto crucial. Antes de iniciar o processo de recrutamento, é fundamental entender claramente o que a vaga exige, definir as responsabilidades, as competências técnicas e comportamentais necessárias e o perfil desejado do candidato. Além das habilidades técnicas, é importante que o candidato esteja alinhado com os valores e a cultura da empresa; por último, determine quais atributos culturais são essenciais para a posição e para a empresa como um todo.

> EXPERIÊNCIA Case – EMPRESA A (COLOQUE AS PESSOAS CERTAS NOS LUGARES CERTOS): implantei um programa de trainee em que o profissional era contratado pelo RH da empresa e ficava cerca de um ano na organização nesse cargo. Ao final desse ano, ele apresentava para uma banca, da qual eu fazia parte, o projeto final com os resultados financeiros alcançados. Certa vez, avaliei um profissional que estava alocado no comercial e teve muitas dificuldades com o seu projeto. Pelo programa, ele teria que ser desligado. Mesmo assim, enxerguei valor no profissional e, saindo do protocolo do programa, perguntei um pouco sobre as vivências pessoais e profissionais dele; ele tinha trabalhado a vida toda na produção agro com seu pai, no interior. Reconheci que ele estava totalmente fora do seu perfil profissional, assim, oportunizamos uma vaga na produção e atualmente ele é um dos gestores da empresa nessa área.

Assim como os profissionais têm o seu esforço para tornar o seu currículo atraente para a oportunidade desejada, a descrição de vaga deve também ser clara e precisa, deve refletir exatamente o que a empresa está procurando. Inclua uma visão geral do cargo, principais responsabilidades, requisitos de qualificação e um perfil ideal. Além disso, liste as exigências, destaque o que a empresa oferece, como oportunidades de desenvolvimento, benefícios e um ambiente de trabalho positivo. Isso ajudará a atrair candidatos que se identificam com a proposta da empresa.

Em uma área comercial muito se fala em canal de vendas para diversificar a oferta e dessa forma trazer um maior faturamento e estabilidade para o processo como um todo. Na atração de talentos não é diferente, deve-se usar canais de recrutamento eficientes e, principalmente, diversificar canais, isso aumenta as chances de alcançar candidatos mais qualificados.

DEVE-SE USAR CANAIS DE RECRUTAMENTO EFICIENTES E, PRINCIPALMENTE, DIVERSIFICAR CANAIS, ISSO AUMENTA AS CHANCES DE ALCANÇAR CANDIDATOS MAIS QUALIFICADOS.

O profissional tende a sair rapidamente de uma empresa na qual o processo seletivo foi feito de forma muito rápida, ou seja, se o candidato entregou o currículo e logo foi chamado, após uma entrevista básica e rápida, ele não vai valorizar a conquista da oportunidade. Desta forma, deve-se construir um processo de seleção rigoroso e estruturado, faça uma triagem criteriosa dos currículos, procurando por evidências de que o candidato possui habilidades, experiência e alinhamento cultural necessários.

SE O CANDIDATO ENTREGOU O CURRÍCULO E LOGO FOI CHAMADO APÓS UMA ENTREVISTA BÁSICA E RÁPIDA, ELE NÃO VAI VALORIZAR A CONQUISTA DA OPORTUNIDADE.

Conduza entrevistas estruturadas com perguntas padronizadas para todos os candidatos, isso facilita a comparação e garante que todos sejam avaliados de forma justa. Utilize perguntas comportamentais para entender como o candidato reagiu a situações passadas. Isso pode dar uma boa indicação de como ele se comportará em situações semelhantes na sua empresa. Utilize práticas inovadoras e disruptivas para de fato conhecer o profissional que está sendo agregado ao time de colaboradores.

Considere aplicar testes práticos para avaliar as habilidades técnicas do candidato, isso é especialmente importante em áreas como tecnologia da informação (TI), engenharia ou finanças, por exemplo. Além das competências técnicas, avalie as *soft skills* (como comunicação, trabalho em equipe e resolução de problemas). Essas habilidades são muitas vezes essenciais para o sucesso a longo prazo.

Atualmente é muito usual a investigação no cruzamento de informações de redes sociais, sempre verifique as referências dos candidatos para confirmar suas qualificações, desempenho passado e adequação cultural. Um histórico de estabilidade e crescimento pode indicar um candidato confiável e comprometido. Revise o histórico de emprego e os padrões de comportamento ao longo da carreira do candidato. Fale também com antigos empregadores ou colegas para obter uma visão mais completa do candidato.

Por fim, observe se a pessoa que está contratando está alinhada com os colaboradores da equipe que ela irá compor, considere como o candidato se encaixará na equipe existente, o candidato certo deve não só trazer as habilidades necessárias, mas também complementar a dinâmica da equipe. Ademais, se o profissional realmente vai conseguir organizar os processos de forma eficaz e se está alinhado com os valores e a cultura da organização.

O MELHOR PERFIL DE PROFISSIONAL É O INTRAEMPREENDEDOR: É UM COLABORADOR QUE ADOTA UMA MENTALIDADE EMPREENDEDORA DENTRO DE UMA EMPRESA, PROMOVENDO INOVAÇÃO E EXPLORANDO NOVAS OPORTUNIDADES.

A inovação na contratação de profissionais é essencial para atrair e reter talentos em um mercado cada vez mais competitivo. Empresas estão adotando práticas como o uso de inteligência artificial para triagem de currículos e entrevistas automatizadas com *chatbots*, agilizando o processo de recrutamento.

Ferramentas de entrevistas por vídeo e análise de *soft skills* permitem uma avaliação mais precisa dos candidatos, enquanto a gamificação, por meio de testes interativos e *hackathons*, torna a seleção mais envolvente e prática. A análise de dados e a avaliação preditiva estão sendo utilizadas para prever o desempenho e a adequação cultural dos candidatos, enquanto a contratação cega e o foco em diversidade buscam combater vieses inconscientes e promover inclusão.

Além disso, a experiência do candidato é aprimorada com processos de seleção mais humanizados e *onboarding* virtual imersivo. Redes sociais e *employee advocacy* fortalecem o *employer branding*, atraindo candidatos que se identificam com a cultura da empresa. Essas inovações não só aumentam a eficiência do processo de contratação, mas também garantem um melhor alinhamento cultural e maior retenção de talentos, posicionando as empresas de forma mais competitiva no mercado de trabalho.

Ao definir claramente do que você precisa, usar os canais de recrutamento apropriados e conduzir uma seleção detalhada e estruturada, você aumenta significativamente as chances de trazer para a empresa colaboradores que não só atendem às exigências técnicas, mas que também se alinham com a cultura e os valores da organização. Esses colaboradores serão mais engajados, produtivos e propensos a contribuir para o sucesso a longo prazo da empresa.

A palavra da moda em gestão de pessoas é "engajamento". De fato, é um dos principais motores do sucesso organizacional. Uma organização que valoriza o engajamento está mais bem posicionada para alcançar seus objetivos estratégicos e sustentar o sucesso a longo prazo. Investir no engajamento dos colaboradores cria um ambiente de trabalho mais produtivo, inovador e positivo, onde as pessoas estão motivadas a dar o melhor de si e a contribuir para o crescimento da empresa.

NO ENGAJAMENTO, A MAIORIA DOS GESTORES NÃO OBSERVA QUESTÕES BÁSICAS DO COLABORADOR E FOCA APENAS EM SOLUCIONAR O

ENGAJAMENTO NO EFEITO E NÃO NA CAUSA DO PROBLEMA.

Colaboradores engajados estão emocionalmente investidos em suas tarefas, se preocupam com os resultados e estão dispostos a dar um esforço extra para alcançar os objetivos da empresa. O engajamento é um conceito que se refere ao grau de envolvimento, comprometimento e entusiasmo que os colaboradores sentem em relação ao seu trabalho e à organização para a qual trabalham.

O engajamento é crucial para o sucesso organizacional porque influencia diretamente a produtividade, a retenção de talentos, a qualidade do trabalho e a satisfação dos clientes. O problema está em como os gestores trabalham esses aspectos. A maioria não observa questões básicas do colaborador e foca apenas em solucionar o engajamento no efeito e não na causa do problema.

2.2. COMO "ENGAJAR" AS PESSOAS VISANDO AOS RESULTADOS?

Para "engajar" as pessoas visando aos resultados, certifique-se de que todos entendam os objetivos da organização e como seu trabalho contribui para esses objetivos. É importante focar em estratégias que motivem e conectem os indivíduos aos objetivos da organização.

Quando as pessoas sentem que estão trabalhando para algo maior que elas mesmas, tendem a se envolver mais. Conectar os valores pessoais dos colaboradores aos valores e à missão da organização pode aumentar o engajamento. Reconhecer e recompensar os esforços e resultados positivos pode aumentar a motivação. Isso pode ser feito por meio de elogios públicos, bônus, promoções ou outras formas de reconhecimento.

RECONHECER E RECOMPENSAR OS ESFORÇOS E RESULTADOS POSITIVOS PODE AUMENTAR A MOTIVAÇÃO.

Um ambiente de trabalho que promova a colaboração, a confiança e o respeito mútuo pode aumentar significativamente o engajamento. Um ambiente saudável é fundamental para o bem-estar e a produtividade. Ainda, oferecer oportunidades de crescimento e desenvolvimento profissional faz com que os colaboradores se sintam valorizados e investidos na organização. Isso pode incluir treinamentos, mentorias e planos de carreira.

EXPERIÊNCIA Case – EMPRESA B (CONECTE-SE AO TIME CONSTANTEMENTE): em certa empresa, o café com o presidente foi uma alternativa para conectar o que a diretoria pensa, as estratégias e passar a cultura para os demais colaboradores. Nessa empresa não funcionava, pois as reuniões não atingiam todos e eram realizadas muito esporadicamente (de acordo com as agendas). A empresa estava passando por um sério problema de time desconectado, então implantei uma live fixa de 30 minutos todos os dias com o CEO, na primeira meia hora da manhã, com horário fixo e aberta a todos. Nela se falava de produtos, máquinas, festas, pessoas, processos, indicadores, metas, vendas etc.

Definir metas claras, realistas e mensuráveis ajuda os colaboradores a entenderem o que se espera deles e como o sucesso será medido, o que pode aumentar o foco e a dedicação. Permitir que os colaboradores participem do processo de tomada de decisões, especialmente aquelas que afetam diretamente seu trabalho, pode aumentar o senso de propriedade e compromisso com os resultados.

Promover uma cultura na qual novas ideias são bem-vindas e experimentações são incentivadas pode fazer com que os colaboradores se sintam mais envolvidos e motivados a contribuir com inovações que levem a melhores resultados. Oferecer também bons feedbacks de maneira regular e construtiva ajuda os colaboradores a entenderem seu desempenho e onde podem melhorar, mantendo-os engajados no processo de melhoria contínua.

Ao implementar essas estratégias, é possível criar um ambiente onde as pessoas se sintam engajadas e motivadas a trabalhar em prol dos resultados desejados pela organização. Entretanto, o básico deve ser feito, nada engaja mais que uma estrutura física de trabalho limpa, organizada, com bons banheiros e um bom refeitório. Ainda, boa comunicação e clareza na relação entre profissional e empresa. Destarte, seguir minimamente a base e o estágio posterior da hierarquia das necessidades de Maslow é obrigação nesse processo.

> O BÁSICO DEVE SER FEITO, NADA ENGAJA MAIS QUE UMA ESTRUTURA FÍSICA DE TRABALHO MINIMAMENTE LIMPA, ORGANIZADA, COM BONS BANHEIROS E UM BOM REFEITÓRIO, POR EXEMPLO.

A pirâmide das necessidades de Maslow (Figura 4), também conhecida como a hierarquia das necessidades de Maslow, é uma teoria da Psicologia proposta por Abraham Maslow em 1943. Ela é representada como uma pirâmide dividida em cinco níveis, em que cada nível corresponde a diferentes tipos de necessidades humanas. A teoria sugere que as necessidades mais básicas devem ser satisfeitas antes que uma pessoa possa se concentrar em necessidades mais elevadas.

Figura 4 – Pirâmide das necessidades de Maslow

Fonte: adaptado de Maslow (1987)

Portanto, antes de a empresa sair contratando trabalhos motivacionais, promover festas de "integração" etc., deve-se verificar como estão sendo ofertadas as necessidades básicas dos profissionais. É importante também que, após as necessidades básicas serem atendidas, a empresa observe o indivíduo em sua vida pessoal, ofertando, por exemplo, um treinamento em finanças pessoais, pois se ele estiver com as finanças em dia, independentemente da sua renda, esse profissional estará focado na empresa e motivado a resultados. Para medir o engajamento de uma equipe é essencial entender como os colaboradores estão conectados com a organização e o quanto estão motivados a contribuir para o sucesso da empresa.

2.3. COMO MEDIR O ENGAJAMENTO DA EQUIPE?

Medir o engajamento da empresa envolve avaliar o nível de comprometimento e participação dos funcionários em relação aos objetivos e valores organizacionais. Isso pode ser feito por meio de pesquisas de clima organizacional, análises de desempenho, taxas de retenção, feedbacks qualitativos e quantitativos, além do monitoramento da satisfação e motivação dos colaboradores.

Um alto engajamento geralmente se traduz em maior produtividade, inovação e alinhamento com a visão da empresa, enquanto baixos níveis podem indicar problemas de comunicação, liderança ou cultura organizacional. Algumas alternativas para se aferir o engajamento da equipe são listadas a seguir.

- Clima organizacional: pesquisas de clima organizacional podem fornecer uma visão geral sobre como os colaboradores percebem o ambiente de trabalho, o que está diretamente relacionado ao nível de engajamento.

- Pesquisas de engajamento: essas pesquisas podem incluir perguntas sobre satisfação no trabalho, alinhamento com os valores da empresa, comunicação interna, reconhecimento e equilíbrio entre vida pessoal e profissional. O *Net Promoter Score* (NPS) pode ser uma outra forma de pesquisa, perguntar aos colaboradores o quão provável é que recomendem a empresa como um bom lugar para trabalhar pode fornecer um indicador simples, mas poderoso para o engajamento de forma geral.

- Análise de desempenho: medir a produtividade e a qualidade do trabalho pode dar uma ideia de como o engajamento está impactando o desempenho. Comparar o desempenho dos colaboradores em relação às metas e indicadores-chave de desempenho (*Key Performance Indicators* – KPIs) pode ajudar a entender o nível de engajamento.

- Feedback: avaliações multidimensionais, implementar um sistema de feedback no qual os colaboradores recebem feedback de colegas, subordinados e superiores pode fornecer uma visão abrangente do engajamento, identificando áreas onde as relações internas podem influenciar o nível de engajamento.

- Comunicação interna: monitorar o engajamento nas plataformas de comunicação interna, como intranets, e-mails e ferramentas de colaboração, pode fornecer insights sobre o quanto os colaboradores estão envolvidos com as atividades e informações da empresa.

- Participação em atividades e iniciativas: medir a participação em atividades organizacionais, como reuniões, treinamentos e eventos corporativos, pode fornecer uma indicação do nível de engajamento.

- Monitoramento do absenteísmo: colaboradores engajados tendem a ter menos faltas, enquanto altos níveis de absenteísmo podem sinalizar desmotivação ou insatisfação.

- Entrevistas de saída: realizar entrevistas de saída com colaboradores que estão deixando a empresa pode revelar razões para a saída, que podem estar ligadas ao nível de engajamento.

- Taxa de rotatividade (*turnover*): monitorar a taxa de rotatividade de funcionários pode fornecer insights sobre o engajamento. Existem dois tipos principais de rotatividade: rotatividade voluntária, quando os funcionários deixam a empresa por conta própria, seja por motivos pessoais, para buscar novas oportunidades ou insatisfação com o ambiente de trabalho; e a rotatividade involuntária, quando a empresa decide demitir os funcionários, por motivos como desempenho insatisfatório, reestruturação ou outros fatores organizacionais. Uma alta taxa de rotatividade pode indicar problemas de engajamento, enquanto uma baixa taxa pode sugerir que os colaboradores estão satisfeitos e comprometidos.

SE A EMPRESA TIVER UM ALTO *TURNOVER*, ELA ESTÁ DESCONECTADA.

O cálculo do *turnover* (Quadro 1) é definido como: número de saídas no período / número médio de funcionários no período, em percentual.

Quadro 1 – Exemplo de cálculo do *turnover*

o Número de saídas no período: 10 funcionários.
o Número de funcionários no início do período: 90 funcionários.
o Número de funcionários no final do período: 110 funcionários.
o Número médio de funcionários = (90 + 110) / 2 = 100 funcionários.
o Taxa de Rotatividade (%) = (10 / 100) x 100 = 10%.
A taxa de rotatividade para o período analisado seria de 10%

Fonte: o autor

Ao combinar essas abordagens, você pode obter uma visão clara e abrangente do nível de engajamento da sua equipe, permitindo que tome ações direcionadas para melhorá-lo onde for necessário. Para implementar essas medidas, é útil começar com uma avaliação do engajamento atual, identificar áreas de melhoria e estabelecer um plano de ação com metas específicas.

> EXPERIÊNCIA Case – EMPRESAS C e D (MESMA ESTRU-
> TURA, MESMO TAMANHO, MESMOS NEGÓCIOS E RESUL-
> TADOS DIFERENTES): atendi duas empresas praticamente no
> mesmo período para fins de organização dos processos e crescimento
> empresarial como um todo. As duas tinham praticamente a mesma
> estrutura física, mesmo negócio, tempo de mercado e número de
> funcionários similares. Porém, uma das empresas possuía uma política
> e cultura de exploração de pessoas, inclusive com salários baixos; e
> a outra, de valorização da equipe, salários acima da média do mer-
> cado, ações motivacionais diferenciadas. Logicamente a empresa
> que valorizava as pessoas alcançava resultados muito diferenciados,
> inclusive financeiros, e a outra tinha muitos problemas, com clientes
> e inclusive financeiros, mesmo com uma folha salarial baixa.

Em equipes que se encontram em situação de crise quanto ao engajamento, deve-se executar rapidamente algumas ações, tais como: pesquisa rápida de engajamento; implementar check-ins regulares (diários ou semanais) com líderes de equipe para monitorar o bem-estar e as necessidades dos funcionários; estabelecer uma comunicação clara e frequente sobre a situação atual, medidas tomadas pela empresa e o que se espera dos funcionários; monitorar constantemente o impacto das ações tomadas e ajustar as estratégias conforme necessário; realizar pesquisas de pulso, pesquisas curtas semanais para medir o impacto das iniciativas de engajamento e identificar novas áreas de preocupação; e fornecer relatórios frequentes à equipe sobre as ações tomadas e os resultados observados para manter a transparência.

Após a crise, realizar sessões para refletir sobre as lições aprendidas e como a organização pode se preparar melhor para futuras crises. Desenvolver um plano para a retomada das operações normais, incluindo como reengajar totalmente a equipe e retomar os projetos pausados. Adaptar essas estratégias conforme a crise evolui ajudará a organização a atravessar o período desafiador e a se recuperar de maneira mais eficiente. Essas ações ajustadas para uma situação de crise focam em respostas rápidas, comunicação contínua e suporte emocional, que são cruciais para manter o engajamento e a moral da equipe em tempos difíceis.

Quando os funcionários estão engajados, eles são mais leais e menos propensos a buscar oportunidades externas, facilitando a retenção de talentos. O engajamento envolve criar um ambiente onde os colaboradores se sentem valorizados, motivados e alinhados com os objetivos da empresa. O engajamento e a retenção de talentos estão intrinsecamente ligados, pois funcionários engajados tendem a permanecer na empresa por mais tempo.

2.4. COMO RETER OS TALENTOS?

Para reter talentos é essencial investir em desenvolvimento profissional, oferecer reconhecimento adequado, garantir um ambiente de trabalho saudável e promover uma cultura organizacional forte. Para garantir que os melhores profissionais permaneçam na empresa, é importante adotar uma abordagem estratégica que leve em consideração as necessidades e aspirações dos colaboradores.

Reter talentos é um dos maiores desafios para as organizações, especialmente em um mercado de trabalho competitivo. Atrair e conquistar talentos não é uma tarefa fácil, ainda mais talentos que se encaixem nos processos desejados e na cultura da empresa. Reter, então, é um ardo desafio, porém como o profissional está em "domínio" da empresa, o controle sobre as ações é maior.

OBSERVE O INDIVÍDUO EM SUA VIDA PESSOAL, OFERTANDO, POR EXEMPLO, UM TREINAMENTO EM FINANÇAS PESSOAIS, POIS SE ELE ESTIVER COM AS FINANÇAS EM DIA, INDEPENDENTEMENTE DA SUA RENDA,

ESSE PROFISSIONAL ESTARÁ FOCADO NA EMPRESA E MOTIVADO A RESULTADOS.

Ademais, atender às necessidades fisiológicas e de segurança das necessidades de Maslow; investir em uma estrutura bem-organizada, com políticas bem definidas de processos, cargos e salários; ter uma relação clara e aberta com o profissional. Considere promover ou transferir colaboradores internos antes de buscar externamente. Eles já estão familiarizados com a cultura da empresa e podem estar prontos para assumir novos desafios.

Destarte, monitore o progresso do novo colaborador durante os primeiros meses para garantir que ele esteja se adaptando bem e que suas expectativas estejam sendo atendidas. Porém, lembre-se de recebê-lo bem, um processo de integração estruturado ajuda os novos contratados a se adaptarem rapidamente à empresa. Inclua treinamentos, apresentação dos colegas e orientação sobre os processos e a cultura da empresa.

NÃO SE EMPOLGUE DEMAIS COM O DESEMPENHO INICIAL DE UM COLABORADOR, LEMBRE-SE: VASSOURA NOVA VARRE BEM.

Portanto, segue um passo a passo para se reter talentos, mas lembre-se da pirâmide das necessidades de Maslow citada anteriormente.

- <u>Oferecer um pacote de benefícios competitivo:</u> salários competitivos e benefícios atraentes são fundamentais para reter talentos. Isso inclui bônus, seguros de saúde, planos de aposentadoria, entre outros. Benefícios adicionais, como horários de trabalho flexíveis e possibilidade de trabalho remoto, também são muito valorizados.

- <u>Criar oportunidades de crescimento e desenvolvimento:</u> oportunidades de promoção interna também são importantes para reter talentos, pois mostram que a empresa investe no futuro de seus funcionários. Oferecer também programas de desenvolvimento profissional, como treinamentos, workshops e planos de carreira bem definidos, ajuda os colaboradores a crescerem dentro da organização.

- Fomentar um ambiente de trabalho positivo: a cultura organizacional deve promover a inclusão, a diversidade e o bem-estar, criando um espaço onde os talentos se sintam valorizados e motivados. Um ambiente de trabalho saudável, colaborativo e respeitoso é crucial para a satisfação dos colaboradores.

- Alinhar os valores da empresa com os valores pessoais: quando os valores da empresa estão alinhados com os valores pessoais dos colaboradores, eles tendem a se sentir mais conectados e comprometidos com a organização.

- Proporcionar desafios e autonomia: oferecer projetos estimulantes e permitir que os colaboradores tenham autonomia para tomar decisões pode aumentar a satisfação e o comprometimento.

- Feedback e comunicação contínua: a comunicação aberta entre gestão e equipe ajuda a identificar problemas precocemente e resolver questões que possam levar à insatisfação.

- Promover o equilíbrio entre vida pessoal e profissional: políticas que promovem esse equilíbrio, como licenças, pausas adequadas e suporte ao bem-estar mental, são valorizadas. Incentivar os colaboradores a manterem um equilíbrio saudável entre suas vidas pessoais e profissionais ajuda a evitar o esgotamento e melhora o bem-estar geral.

- Conduzir pesquisas de satisfação regularmente: realizar pesquisas de satisfação entre os colaboradores pode fornecer insights valiosos sobre o que está funcionando bem e o que precisa ser melhorado.

- Reconhecimento e recompensa: isso pode ser feito por meio de elogios públicos, programas de reconhecimento, bônus por desempenho e outras formas de agradecimento. Reconhecer e recompensar o trabalho árduo e os resultados alcançados é fundamental. O reconhecimento frequente mantém os colaboradores motivados e engajados.

O QUE TE DEIXA FELIZ NO TRABALHO? TODOS BUSCAM RESULTADOS EM SEUS TRABALHOS, ESSES RESULTADOS PODEM SER POR MEIO DE COMPENSAÇÕES FINANCEIRAS OU UM SIMPLES RECONHECIMENTO.

Aplicando essas estratégias, as organizações podem criar um ambiente que não só retém, mas também atrai talentos, garantindo a continuidade e o sucesso a longo prazo. Ressalta-se que o cumprimento de todas essas etapas seria ideal, porém em um trabalho inicial deve-se buscar esses pontos como meta. Uma combinação eficaz de pessoas bem definidas e processos organizados resulta em maior produtividade, melhor comunicação interna e um ambiente de trabalho mais harmonioso e focado nos objetivos da organização.

3

ORGANIZANDO OS PROCESSOS

Os processos são as sequências de atividades e tarefas que transformam recursos em produtos ou serviços para satisfazer as necessidades dos clientes. Eles definem como o trabalho deve ser realizado dentro da empresa. Processos bem definidos e padronizados garantem que as operações sejam realizadas de maneira eficiente, minimizando desperdícios e aumentando a produtividade. Eles permitem que a empresa entregue produtos e serviços de forma consistente e de alta qualidade.

EXPERIÊNCIA Case – EMPRESA E (ESTRUTURA DE QUA-LIDADE): uma grande empresa passou por uma grande dificuldade com problemas de qualidade, podendo até perder o valor da sua marca. Nessa época, a estrutura da área de qualidade era praticamente inexistente e o cliente final já recebia muitos produtos sem qualidade, gerando muitas reclamações. Certa vez, em um lote em especial, os clientes receberam muitos dos produtos com defeito. Percebendo isso, fui diretamente nas lojas e fiz um laudo dos problemas desse lote em específico. Foram assustadores os problemas de qualidade que encontrei. Imediatamente (em três dias) estruturei uma nova área de qualidade para a empresa. Como a empresa tinha operações externas com terceiros, coloquei inspetores externos para liberação dos lotes. Ainda, na entrada da empresa, implantei uma operação de inspeção por amostragem (dupla checagem) e todos os lotes que entravam na empresa eram laudados. Os problemas de qualidade foram resolvidos.

O funcionamento eficaz de qualquer organização parte de processos organizados, porém estes estão sujeitos também a revisões e melhorias contínuas. Quando os processos são bem estruturados e gerenciados, eles garantem que as atividades sejam realizadas de forma eficiente, consistente e alinhada com os objetivos estratégicos da empresa.

As razões pelas quais a organização dos processos leva a maiores resultados são: eficiência operacional, qualidade consistente, melhor alocação de recursos, melhoria contínua, alinhamento estratégico, tomada de decisão com base em informações, satisfação dos colaboradores e satisfação dos clientes. Mais especificamente, seguem os pontos que devemos observar quando o objetivo é organizar os processos.

- Otimização de recursos: com processos bem-organizados, a empresa pode alocar seus recursos de maneira mais eficiente, assegurando que cada recurso seja utilizado onde ele agrega mais valor.

- Redução de desperdícios: ao eliminar atividades redundantes e otimizar fluxos de trabalho, a empresa pode produzir mais com menos, aumentando a produtividade geral. Processos organizados minimizam o desperdício de tempo, recursos e esforços.

- Clareza de papéis e responsabilidades: quando os processos são organizados, cada colaborador entende claramente seu papel e suas responsabilidades, o que reduz confusões e conflitos internos, além de melhorar o engajamento e a satisfação no trabalho.

- Padronização: a organização dos processos garante que todos os colaboradores sigam as mesmas práticas e padrões, o que resulta em uma produção mais consistente e de alta qualidade.

- Redução de custos: a eficiência gerada por processos organizados frequentemente leva à redução de custos operacionais, o que pode aumentar a margem de lucro e permitir investimentos em outras áreas estratégicas.

- Rapidez na execução: com processos claros e bem definidos, as tarefas podem ser realizadas mais rapidamente, reduzindo o tempo de produção e entrega, o que pode melhorar a satisfação do cliente e aumentar a competitividade no mercado.

- Disponibilidade de dados e informações: processos bem-organizados geram dados precisos e confiáveis, que são fundamentais para a tomada de decisões estratégicas.

- Monitoramento e controle: a organização dos processos permite o acompanhamento contínuo de cada etapa, facilitando a detecção precoce de problemas e a adoção de medidas corretivas.

- Foco em resultados: a organização dos processos permite que a empresa mantenha o foco em suas metas e objetivos, garantindo que os esforços estejam direcionados para a geração de resultados concretos.

- Inovação e adaptabilidade: uma estrutura de processos bem definida não significa rigidez; pelo contrário, ela permite que a empresa seja mais ágil na adaptação a mudanças e na implementação de inovações, uma vez que os processos podem ser ajustados de forma sistemática e controlada.

- Ambiente de trabalho estruturado: um ambiente de trabalho onde os processos são bem-organizados tende a ser mais estruturado e menos caótico, o que pode reduzir o estresse e aumentar a produtividade da equipe.

- Resolução eficiente de problemas: processos organizados também facilitam a identificação e resolução rápida de problemas, permitindo que a empresa responda de forma proativa às necessidades dos clientes.

- <u>Melhoria contínua</u>: processos organizados facilitam a identificação de pontos de melhoria e a implementação de mudanças que incrementem a qualidade e a eficiência.

- <u>Coesão organizacional</u>: processos organizados asseguram que todas as áreas da empresa estejam alinhadas com os objetivos estratégicos, trabalhando de forma coesa para alcançá-los.

Processos organizados não são apenas uma questão de eficiência operacional; eles são um diferencial competitivo que pode levar a empresa a novos níveis de sucesso. A organização e o gerenciamento eficaz dos processos internos são a base para uma operação bem-sucedida, que entrega valor tanto para os clientes quanto para os colaboradores e acionistas. Os processos organizados criam um fluxo lógico de atividades, em que cada etapa segue a anterior de forma sequencial e eficiente.

A engenharia simultânea na organização de processos integra diversas etapas e equipes de forma paralela e colaborativa, em vez de seguir um fluxo sequencial. Isso permite reduzir o tempo de desenvolvimento, melhorar a comunicação entre departamentos, otimizar a tomada de decisões e minimizar custos e retrabalhos. Ao promover a colaboração contínua, essa abordagem agiliza a incorporação de mudanças e aumenta a eficiência, resultando em produtos e serviços de maior qualidade e competitividade.

A ENGENHARIA SIMULTÂNEA NA ORGANIZAÇÃO DE PROCESSOS INTEGRA DIVERSAS ETAPAS E EQUIPES DE FORMA PARALELA E COLABORATIVA, EM VEZ DE SEGUIR UM FLUXO SEQUENCIAL.

Por meio, por exemplo, de um simples ciclo de PDCA (planejar, fazer, checar e agir), os processos podem ser otimizados para se adaptarem às mudanças do mercado e às necessidades dos clientes. Portanto, gerir processos significa otimizar essas atividades para garantir que sejam realizadas da forma mais eficiente possível, reduzindo desperdícios e aumentando a produtividade.

> Nota: *O PDCA é uma metodologia de melhoria contínua composta de quatro etapas: planejar, executar, verificar e agir. Ela permite identificar problemas, implementar soluções, avaliar resultados e ajustar processos continuamente para alcançar melhorias constantes.*

Os processos de gestão (planejamento, organização, direção, controle e avaliação) são fundamentais para garantir que a empresa funcione de maneira eficiente e eficaz, respondendo às demandas do mercado e maximizando seu desempenho. Esses processos envolvem as atividades coordenadas que uma empresa utiliza para planejar, organizar, liderar e controlar seus recursos e operações. Assim, os processos de gestão eficazes garantem que a empresa opere de maneira eficiente e dessa forma atinja seus objetivos e consiga se adaptar rapidamente às mudanças do mercado.

> EXPERIÊNCIA Case – EMPRESA F (DE MUDANÇAS NENHUM SER HUMANO GOSTA): certa vez fui contratado para realizar uma grande mudança em uma empresa, fiz um diagnóstico, um plano de soluções, validamos e começamos a implantar. Como acredito que nenhum ser humano gosta de mudança (uns se adaptam melhor, outros respeitam e outros não se adaptam), fizemos as mudanças aos poucos de forma planejada e com um certo grau de convencimento momentâneo (exemplo: "Você pode trabalhar só hoje para mim deste jeito para testarmos o processo?"), porém nos outros dias deixava a situação de mudança instalada e não voltava mais a falar com a pessoa sobre o assunto. Depois de um tempo a pessoa não queria voltar para o que era anteriormente, afinal de contas, seria outra mudança.

Os processos de gestão consistem em definir objetivos e criar estratégias para atingi-los; estruturar a empresa e alocar recursos para executar os planos; liderar e motivar a equipe, comunicando-se e tomando decisões eficazes; monitorar e avaliar o desempenho, tomando ações corretivas quando necessário; e analisar os resultados, aprender com a experiência e ajustar os planos para melhorar continuamente.

A empresa com seus processos de gestão bem definidos consegue organicamente otimizar seus recursos e reduzir os desperdícios, levando a uma maior produtividade e menores custos operacionais. Identifica e implementa constantemente melhorias nos processos, garantindo que a organização se adapte e evolua com o tempo. Garante que todas as atividades e recursos da organização estejam direcionados para o alcance dos objetivos estratégicos. Ainda, administra os riscos que possam afetar a organização, assegurando a continuidade dos negócios. E, por fim, consegue atuação eficaz na gestão das expectativas e necessidades das partes interessadas, fortalecendo a posição da organização no mercado.

PARA ORGANIZAR OS PROCESSOS, FAÇA PRIMEIRO UM BOM DIAGNÓSTICO, APROFUNDE-SE, POSSIVELMENTE A PARTIR DELE A MAIORIA OU TODAS AS SOLUÇÕES SERÃO ENCONTRADAS, INDEPENDENTEMENTE DE TÉCNICAS E FERRAMENTAS.

Os processos de gestão são, portanto, fundamentais para o sucesso e a sustentabilidade de qualquer organização, proporcionando a estrutura necessária para alcançar os objetivos desejados de forma eficaz. Uma empresa de maneira geral é composta de quatro áreas de uma forma macro: área comercial, área de produtos, área de operações (cadeia de suprimentos) e a área de apoio administrativo-financeira. Logicamente, nem todas as empresas são formadas por todas essas áreas; por exemplo, uma empresa puramente que compra e vende não tem uma área produtiva. A seguir são detalhados alguns pontos importantes na organização dos processos de cada área.

3.1. ORGANIZANDO OS PROCESSOS DA ÁREA COMERCIAL

Os processos da área comercial organizados são fundamentais para garantir eficiência e resultados consistentes. Para tanto, o primeiro passo é mapear todos os processos atuais, identificando cada etapa, desde a prospecção até o pós-venda. Esse mapeamento permite visualizar o fluxo de trabalho e identificar possíveis gargalos.

Em seguida, é crucial padronizar os procedimentos por meio da documentação detalhada de cada processo, criando fluxogramas e checklists que assegurem a execução correta das tarefas. Definir metas claras e estabelecer KPIs são etapas indispensáveis para monitorar o progresso e ajustar estratégias quando necessário.

A implementação de ferramentas de gestão, como um CRM (*Customer Relationship Management* – gestão de relacionamento com o cliente) para gerenciar o relacionamento com os clientes e, se aplicável, a integração com um ERP (*Enterprise Resource Planning* – planejamento de recursos empresariais) ajuda a automatizar processos e garantir a comunicação eficiente entre as áreas. Além disso, investir em treinamento contínuo da equipe comercial é essencial para garantir que todos estejam alinhados com os objetivos da empresa e bem capacitados para utilizar as ferramentas disponíveis.

> Nota: *CRM é uma estratégia de negócios que visa gerenciar as interações e o relacionamento de uma empresa com seus clientes atuais e potenciais. Utilizando ferramentas e tecnologias específicas, o CRM ajuda a centralizar, organizar e analisar informações sobre clientes, permitindo um atendimento mais personalizado e eficiente. Isso resulta em melhores experiências para o cliente, aumento da lealdade e, consequentemente, maior retenção e crescimento das vendas.*

> Nota: *ERP é um sistema integrado de gestão empresarial que centraliza e automatiza os processos de uma organização, como finanças, recursos humanos, produção, vendas e compras. Ele permite que as diferentes áreas da empresa compartilhem informações em tempo real, melhorando a eficiência, a tomada de decisões e a coordenação entre departamentos.*

O monitoramento constante e a melhoria contínua dos processos devem ser uma prática recorrente. Realizar reuniões de revisão periódicas e coletar feedback da equipe e dos clientes são estratégias eficazes para ajustar e aprimorar os processos de forma contínua. A automação de tarefas rotineiras e a utilização de análises de dados ajudam a tornar os processos mais eficientes e a tomar decisões baseadas em informações concretas.

Por fim, é importante que a área comercial esteja integrada com outras áreas da empresa, como marketing e suporte ao cliente, para garantir que todos trabalhem em sinergia. A revisão regular das políticas comerciais, como preços e condições de venda, também é fundamental para manter a competitividade no mercado. Com esses passos, a área comercial se torna mais organizada, eficiente e preparada para alcançar suas metas, contribuindo de forma significativa para o crescimento sustentável da empresa.

3.1.1. PROCESSO COMERCIAL

Sem vendas não existem clientes, sem clientes não existe faturamento, sem faturamento não existe empresa. Na área comercial, existem vários processos fundamentais que ajudam a garantir o sucesso das operações de vendas e relacionamento com os clientes. A seguir estão alguns dos principais processos.

- Prospecção de clientes: identificação e qualificação de leads potenciais; pesquisa de mercado para encontrar novas oportunidades de vendas; e contato inicial com clientes em potencial para apresentar produtos ou serviços.

- Gestão de relacionamento com clientes (CRM): utilização de sistemas de CRM para gerenciar informações de clientes; segmentação de clientes para campanhas de marketing e vendas direcionadas; e manutenção de um histórico detalhado de interações com os clientes.

- Processo de vendas: apresentação de produtos/serviços aos clientes; negociação de termos e condições; e fechamento da venda e assinatura de contratos.

- Pós-venda e atendimento ao cliente: acompanhamento pós-venda para garantir a satisfação do cliente; suporte técnico e resolução de problemas; e programas de fidelização de clientes.

- Planejamento e *forecast* (previsão de vendas): definição de metas de vendas baseadas em análises de mercado; previsão de vendas futuras para ajustar produção e estoques; e monitoramento contínuo do desempenho de vendas.

- Treinamento e desenvolvimento da equipe de vendas: programas de capacitação para vendedores e gestores comerciais; acompanhamento de desempenho individual e coletivo; e implementação de técnicas de vendas eficazes.

- Análise de desempenho e relatórios: avaliação de KPIs, como taxa de conversão, receita e satisfação do cliente; relatórios periódicos para ajustar estratégias de vendas; e revisão de metas e ajustes de planejamento conforme necessário.

- Gestão de preços e margens: definição de estratégias de precificação para maximizar margens; análise de concorrência e ajustamento de preços conforme necessário; e monitoramento de descontos e promoções para garantir rentabilidade.

- Gestão de *pipeline*: monitoramento das etapas do funil de vendas; análise de oportunidades em aberto e sua progressão no pipeline; e priorização de leads com maior probabilidade de conversão.

LEMBRE-SE: SEM VENDAS NÃO EXISTEM CLIENTES, SEM CLIENTES NÃO EXISTE FATURAMENTO, SEM FATURAMENTO NÃO EXISTE EMPRESA.

O processo comercial envolve atividades como prospecção de clientes, abordagem, negociação, formalização do contrato e suporte ao cliente, com o objetivo de maximizar as vendas e construir relacionamentos duradouros é a sequência de etapas que uma empresa segue para vender seus produtos ou serviços, desde a identificação de oportunidades de mercado até o fechamento da venda e o atendimento pós-venda. Um processo comercial bem estruturado aumenta a eficiência, melhora a experiência do cliente e contribui para o crescimento sustentável da empresa.

Portanto, o processo comercial engloba todas as atividades relacionadas à geração de negócios, desde a prospecção de clientes até a negociação e o fechamento de vendas. Já o processo de operações de vendas foca na eficiência operacional dessas atividades, garantindo que procedimentos, ferramentas e recursos necessários estejam otimizados para suportar a equipe de vendas. Enquanto o processo comercial se concentra em alcançar metas de vendas, o processo de operações de vendas assegura que a execução seja eficaz, integrada e sustentável, facilitando a escalabilidade e o sucesso contínuo das vendas.

3.1.2. PROCESSO DE OPERAÇÃO DE VENDAS

No processo de operações destacam-se o pipeline de vendas e funil de vendas. Esses conceitos às vezes se confundem no processo de vendas, pois são conceitos relacionados, mas têm enfoques e utilidades diferentes no processo de vendas. Portanto, o pipeline é mais uma ferramenta de gestão de oportunidades, enquanto o funil é uma ferramenta de análise de conversão.

O pipeline acompanha o progresso das oportunidades específicas ao longo das etapas de vendas, enquanto o funil se concentra na jornada do cliente e na redução do número de leads em cada etapa do processo. O pipeline é usado principalmente pela equipe de vendas para gerenciar seu fluxo de trabalho, enquanto o funil é usado para entender e otimizar o processo de vendas como um todo.

Pipeline de vendas é uma representação visual das etapas pelas quais um potencial cliente passa desde o primeiro contato até o fechamento do negócio. As etapas variam dependendo da organização e do seu processo de vendas específico, mas geralmente incluem: identificação de leads ou potenciais clientes; avaliação para determinar se o lead tem potencial para se tornar um cliente; apresentação do produto ou serviço ao lead; envio de uma proposta detalhada, incluindo preço e termos; discussão e ajuste dos termos da proposta; e concordância dos termos e assinatura do contrato ou recebimento do pagamento.

Contudo, o pipeline ajuda a gerenciar as atividades diárias de vendas, garantindo que as oportunidades sejam acompanhadas de perto. Assim como o funil permite que a empresa veja onde estão ocorrendo as perdas de leads e onde o processo de vendas pode ser melhorado.

O PIPELINE É MAIS UMA FERRAMENTA DE GESTÃO DE OPORTUNIDADES, ENQUANTO O FUNIL É UMA FERRAMENTA DE ANÁLISE DE CONVERSÃO. O PIPELINE É O MONITORAMENTO DAS ETAPAS DO FUNIL DE VENDAS.

O funil de vendas (Figura 5) é um modelo que representa as etapas pelas quais um potencial cliente passa desde o primeiro contato com a empresa até a conclusão da compra. Esse modelo é chamado de "funil" porque, ao longo das etapas, o número de leads (potenciais clientes) tende a diminuir, resultando em um menor número de conversões no final. Essas etapas ajudam a mapear a jornada do cliente desde o primeiro contato até a finalização da compra, permitindo às empresas otimizar suas estratégias de marketing e vendas em cada fase do processo.

Figura 5 – Funil de vendas

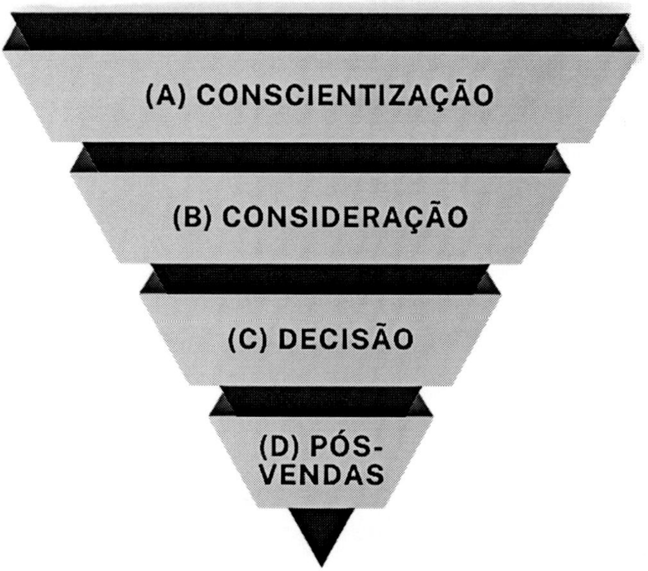

(A) CONSCIENTIZAÇÃO

(B) CONSIDERAÇÃO

(C) DECISÃO

(D) PÓS-VENDAS

Fonte: o autor com base em Kotler (2012)

(A). Conscientização: atrair a atenção de um público amplo e despertar interesse em seus produtos ou serviços.

(B). Consideração: nutrir os leads e qualificá-los, ajudando-os a considerar suas soluções como opções viáveis.

(C). Decisão: fechar a venda, convertendo leads qualificados em clientes.

(D). Pós-venda (retenção e expansão): garantir a satisfação do cliente e incentivar compras repetidas ou *upsell* (venda de produtos ou serviços adicionais).

No processo de vendas o funil é muito utilizado, porém a medição da sua efetividade pouco é explorada por alguns processos de vendas. Deve-se, então, medir a porcentagem de leads que avançam de uma etapa para a próxima; observar também o tempo médio que um lead leva para percorrer todo o funil, do primeiro contato até a compra; medir quanto está sendo gasto para adquirir novos leads e convertê-los em clientes; e, por fim, verificar o valor de tempo de vida (*Lifetime Value* – LTV): valor total que um cliente gera ao longo de seu relacionamento com a empresa. Desta forma, o funil de fato terá utilidade e será uma forte ferramenta na gestão de um processo de vendas.

Enquanto o processo de operações de vendas foca na eficiência interna, o processo de canais de vendas assegura que a distribuição seja eficaz e alcance o público-alvo de forma estratégica. O processo de operações de vendas garante que as atividades de vendas sejam executadas de maneira eficiente e organizada, otimizando recursos, ferramentas e fluxos de trabalho para apoiar a equipe de vendas. Já o processo de canais de vendas envolve a gestão e a coordenação dos diferentes meios pelos quais os produtos ou serviços chegam ao cliente, como vendas diretas, online ou por meio de distribuidores.

3.1.3. PROCESSO DE CANAIS DE VENDAS

Não se pode falar em processo de vendas sem mencionar a operação de canais de vendas, a escolha desses canais é crucial para o alcance do mercado, a eficiência operacional e a maximização das receitas. Esses são os meios pelos quais uma empresa comercializa e vende seus produtos ou serviços aos clientes.

Dependendo do tipo de produto, mercado-alvo e estratégia de negócios, uma empresa pode utilizar uma combinação de diferentes canais de vendas: a empresa vende diretamente ao consumidor final, sem intermediários; vende por meio de uma plataforma online, como um site de e-commerce ou marketplaces; realiza vendas por lojas físicas, onde os clientes podem ver e tocar os produtos antes de comprá-los; vendem por empresas parceiras que compram produtos em grandes quantidades para revender ao consumidor final; ou realiza as vendas por meio de terceiros, como parceiros ou afiliados que promovem e vendem o produto em nome da empresa.

Ademais, existem diversos outros canais de vendas: vendas realizadas por telefone, onde os vendedores entram em contato direto com os clientes para oferecer produtos ou serviços; produtos que são apresentados em catálogos físicos ou digitais, onde os clientes podem fazer pedidos diretamente; a utilização de plataformas de redes sociais para promover e vender produtos diretamente aos consumidores; ou até vendas realizadas entre empresas, onde uma empresa vende seus produtos ou serviços para outra empresa.

Outros canais de vendas ainda surgirão dependendo do avanço da tecnologia e do comportamento do consumidor, porém é importante nesse processo de escolhas dos melhores canais para os negócios que se entenda onde seu público prefere comprar e como eles se comportam durante o processo de compra. Outro ponto a se levar em consideração é que produtos diferentes podem ser mais adequados para certos canais. Por exemplo, produtos de luxo podem exigir uma experiência mais personalizada, como em lojas físicas.

Analisar os custos associados a cada canal para garantir que eles sejam sustentáveis e ofereçam boa margem de lucro é muito importante, bem como considerar se o canal de vendas pode crescer com a empresa ou se há limitações significativas.

> EXPERIÊNCIA Case – EMPRESA G (CANAL DE VENDAS): certa vez, fui contratado para reduzir custos em uma empresa. Quando o problema foi exposto, logo detectei um problema maior: a falta de vendas; então sugeri para a situação apresentada e para o tipo de produto comercializado estruturar primeiro um canal de representação de vendas. Inicialmente, identifiquei onde no país o produto era mais consumido e iniciei tratativas com equipes de vendas em regiões afins. Montei uma grande rede de representação e com esse novo canal a empresa mudou de patamar.

A ESCOLHA DOS CANAIS CERTOS DEPENDE DE UMA ANÁLISE CUIDADOSA DO MERCADO, DO PRODUTO, DO PÚBLICO-ALVO E DOS OBJETIVOS DA EMPRESA.

A escolha dos canais certos depende de uma análise cuidadosa do mercado, do produto, do público-alvo e dos objetivos da empresa. Os canais de vendas são uma parte fundamental da estratégia de negócios, determinando como os produtos ou serviços chegam aos clientes e como as receitas são geradas. Muitas vezes, uma combinação de canais de vendas é a melhor abordagem para maximizar o alcance e o impacto no mercado.

O processo de canais de vendas envolve a gestão dos diferentes meios de distribuição, como vendas diretas, online ou por meio de parceiros, para levar produtos ou serviços ao cliente. O *last mile* para o processo de vendas refere-se à etapa final dessa distribuição, onde o produto é entregue ao consumidor final, sendo crucial para garantir uma experiência positiva e a satisfação do cliente. Ambos são fundamentais para uma estratégia de vendas eficaz, garantindo que os produtos cheguem ao destino certo de forma eficiente e com qualidade.

3.1.4. *LAST MILE* PARA PROCESSO DE VENDAS

O termo *last mile* é amplamente utilizado em logística e distribuição para se referir à última etapa do processo de entrega de produtos, que vai do centro de distribuição ou *hub* logístico até o destino final, geralmente a residência ou local de trabalho do cliente. Essa etapa é considerada crítica no e-commerce e em outros modelos de negócios que dependem da entrega direta ao consumidor, pois é onde ocorrem a maioria dos desafios operacionais e onde a experiência do cliente pode ser mais afetada. Entretanto, o *last mile* também está circulando nos meios comerciais para descrever a operação entre o varejo e o consumidor.

O *LAST MILE* PODE SER ADAPTADO PARA REFERIR-SE AO ÚLTIMO ESTÁGIO DO PROCESSO DE VENDAS.

O conceito de *last mile* pode ser adaptado para referir-se ao último estágio do processo de vendas, que é crucial para garantir a satisfação do cliente e a finalização bem-sucedida de uma transação. A sua aplicação no processo comercial se dá em diversas situações:

- Fechamento da venda: facilitar o processo de fechamento da venda, garantindo que todas as informações necessárias sejam claras, que o cliente tenha suporte adequado e que o pagamento ou contrato seja concluído sem problemas.

- Comercialização varejo e consumidor: o *last mile* é uma peça central na cadeia de valor do varejo, impactando diretamente a satisfação do consumidor e a eficiência comercial. As empresas que conseguem otimizar essa etapa não apenas melhoram a experiência do cliente, mas também fortalecem suas operações e se posicionam melhor no mercado

- Entrega e execução: envolve a entrega do produto ou serviço ao cliente, assegurando que ele receba exatamente o que foi prometido, no tempo certo e na qualidade esperada. Isso é crucial para garantir a satisfação e a fidelização do cliente.

- Atendimento pós-venda: implementar estratégias de acompanhamento pós-venda, como pesquisas de satisfação, suporte técnico e programas de fidelização, para garantir que o cliente continue a escolher sua empresa para futuras compras.

O sucesso no *last mile* pode ser a diferença entre um cliente satisfeito e leal ou um cliente insatisfeito e perdido. Uma gestão eficiente do *last mile* ajuda a construir uma reputação positiva para a empresa, o que pode resultar em recomendações boca a boca e repetição de negócios. O *last mile* nos processos comerciais é crucial para garantir que todos os esforços de vendas culminem em uma experiência positiva para o cliente, assegurando a finalização da venda e a fidelização.

Em resumo, um pipeline de vendas é o processo visual que acompanha cada etapa que um prospecto passa desde o primeiro contato até o fechamento da venda. O funil de vendas é semelhante, mas foca em medir a conversão de leads por meio de diferentes fases, desde a geração de interesse até a concretização da compra. Já os canais de vendas referem-se aos diferentes meios pelos quais um produto ou serviço é comercializado, como lojas físicas, e-commerce ou vendedores diretos. Por fim, o *last mile* de vendas é a última etapa do processo de entrega ao cliente, crucial para garantir uma boa experiência final e a satisfação do consumidor. Os processos comerciais, além de outros aspectos cruciais, envolvem quatro macroprocessos que demandam estratégias e ações específicas para tornar a gestão comercial mais eficaz: pipeline de vendas, funil de vendas, canais de vendas e *last mile*.

A operação de vendas, os canais de vendas, o *last mile* de vendas e os processos comerciais são elementos-chave para o sucesso de uma estratégia comercial. A operação de vendas foca na eficiência e gestão interna das atividades comerciais. Os canais de vendas representam os meios pelos quais os produtos chegam ao consumidor, como vendas diretas ou online. O *last mile* de vendas refere-se à etapa final de entrega ao cliente, crucial para a satisfação e fidelização. Juntos, esses elementos garantem uma operação de vendas eficaz e alinhada ao mercado. Os processos comerciais englobam todas as atividades que conduzem à concretização de vendas, desde a prospecção até o fechamento do negócio.

3.2. ORGANIZANDO OS PROCESSOS DA ÁREA DE PRODUTOS

Organizar os processos da área de produtos é crucial para garantir que o desenvolvimento, lançamento e a gestão dos produtos ocorram de maneira eficiente e alinhada aos objetivos estratégicos da empresa. Aqui está um guia sobre como organizar esses processos.

Primeiro, mapeie todos os processos relacionados ao ciclo de vida dos produtos, desde a concepção até a descontinuação. Isso inclui etapas como pesquisa e desenvolvimento (P&D), design, prototipagem, testes, produção, lançamento e suporte ao produto. Um mapeamento detalhado ajuda a identificar as interdependências entre diferentes áreas e possíveis pontos de melhoria.

Padronizar esses processos é o próximo passo. Documente todas as etapas, definindo claramente as responsabilidades e os critérios de sucesso para cada uma. A padronização inclui a criação de fluxogramas e checklists para assegurar que todas as atividades sejam realizadas de forma consistente, seguindo as melhores práticas estabelecidas.

Definir metas específicas e KPIs para cada fase do ciclo de vida do produto é essencial para monitorar o progresso e a eficiência dos processos. Por exemplo, a taxa de sucesso de novos produtos, o tempo de desenvolvimento e o custo de produção são métricas que devem ser acompanhadas regularmente.

A implementação de ferramentas de gestão de produtos, como software de gestão de ciclo de vida do produto (*Product Lifecycle Management* – PLM), pode auxiliar na centralização de informações e na coordenação das diversas etapas do ciclo de vida do produto. Essas ferramentas permitem um acompanhamento mais preciso e facilitam a comunicação entre as equipes envolvidas.

Treinamento contínuo e capacitação da equipe são fundamentais para garantir que todos os envolvidos no desenvolvimento e gestão de produtos estejam alinhados com as novas tecnologias, métodos e práticas de mercado. Isso inclui treinamentos técnicos e sobre gestão de projetos.

A prática de revisão e melhoria contínua deve ser incorporada aos processos da área de produtos. Realizar reuniões periódicas para revisar os resultados, analisar feedbacks e ajustar processos conforme necessário é vital para manter a competitividade e a eficiência.

Automatizar processos repetitivos, como geração de relatórios e monitoramento de etapas, pode liberar tempo para a equipe se concentrar em atividades estratégicas. Além disso, o uso de dados e análises para prever tendências de mercado e ajustar os produtos às necessidades dos clientes pode trazer uma vantagem competitiva significativa.

Por último, a integração dos processos da área de produtos com outras áreas da empresa, como marketing, vendas e operações, é crucial para garantir que os produtos desenvolvidos estejam alinhados com as necessidades do mercado e as capacidades operacionais da empresa. A revisão regular das estratégias de portfólio de produtos, a fim de garantir a relevância e a inovação, também é uma prática recomendada.

No processo de produto deve-se ficar muito atento a todos os estágios, porém na maturidade do produto a observação e o acompanhamento deve ser o mais racional possível (com base em números). É comum acontecer nesse estágio, mesmo o produto dando sinais de que está migrando para o declínio, emocionalmente não se toma a decisão no momento certo e depois a recuperação do produto fica muito difícil. No estágio de maturidade deve-se trabalhar a inovação não somente do produto, mas em processos, atendimento etc. Observo que o ciclo de vida não se aplica somente ao produto, serve para a empresa como um todo também.

> Nota: *A inovação é o processo de introduzir novas ideias, métodos ou produtos que trazem melhorias significativas ou mudanças disruptivas. Ela pode ocorrer em diversas áreas, como tecnologia, produtos, processos, modelos de negócios ou serviços e é essencial para a evolução e competitividade das empresas e da sociedade como um todo.*

NO ESTÁGIO DE MATURIDADE, DEVE-SE TRABALHAR A INOVAÇÃO NÃO SOMENTE DO PRODUTO, MAS EM PROCESSOS, ATENDIMENTO ETC.

Organizar os processos da área de produtos de maneira estruturada e eficiente não só melhora a qualidade e a inovação dos produtos, mas também aumenta a agilidade da empresa em responder às demandas do mercado, garantindo um ciclo de vida do produto bem-sucedido e lucrativo.

3.2.1. PROCESSO DE PRODUTOS

O ciclo de vida do produto (Figura 6) descreve as etapas que um produto atravessa desde a sua concepção até a retirada do mercado. Ele inclui as fases de desenvolvimento, introdução, crescimento, maturidade e declínio. Cada fase exige estratégias específicas de marketing, produção e gestão para maximizar o sucesso e a rentabilidade do produto ao longo do tempo.

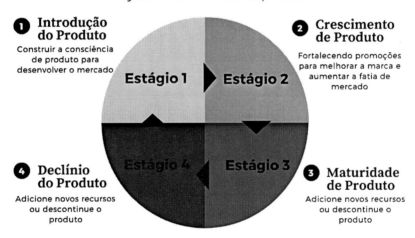

Figura 6 - Ciclo de vida do produto

Fonte: o autor, com base em Levitt (1965)

Na área de produtos, os processos são voltados para desenvolvimento, gestão e melhoria contínua dos produtos oferecidos pela empresa. A seguir estão os principais processos dessa área.

- Pesquisa e desenvolvimento (P&D): identificação de necessidades e tendências de mercado; desenvolvimento de novas ideias; e conceitos de produtos, prototipagem e testes iniciais para validação de ideias.

- **Gestão de portfólio de produtos:** definição e manutenção do portfólio de produtos da empresa; análise do ciclo de vida dos produtos para decidir lançamentos, atualizações ou descontinuações; e balanceamento do portfólio entre produtos novos, em crescimento e em declínio.

- **Design e desenvolvimento de produtos:** criação do design do produto, incluindo funcionalidade, aparência e usabilidade; desenvolvimento técnico, envolvendo engenharia, materiais e produção; e testes de qualidade e ajustes no design conforme necessário.

- **Planejamento e lançamento de produtos:** planejamento estratégico para o lançamento de novos produtos; coordenação entre as áreas de marketing, vendas e operações para o lançamento; e treinamento da equipe e desenvolvimento de materiais de suporte ao lançamento.

- **Gestão de ciclo de vida do produto (PLM):** acompanhamento do produto desde a concepção até a sua retirada do mercado; atualizações e melhorias contínuas ao longo do ciclo de vida; e análise de desempenho e adaptação às mudanças do mercado.

- **Precificação e estratégia de mercado:** definição de preços com base em custos, valor percebido e competitividade; implementação de estratégias de penetração, *skimming* ou outros métodos de precificação; e monitoramento de preços e ajustes conforme feedback do mercado e da concorrência.

- **Gestão de qualidade:** estabelecimento de padrões de qualidade para o produto; implementação de processos de controle de qualidade durante a produção; e avaliação contínua da qualidade do produto e ações corretivas quando necessário.

- **Inovação e melhoria contínua:** proposição de inovações baseadas em feedback de clientes e análise de tendências; melhoria contínua dos produtos existentes para atender melhor às necessidades dos clientes; e adoção de novas tecnologias e métodos para aprimorar o produto.

GESTÃO SIMPLES ASSIM: O GUIA PRÁTICO DA GESTÃO EMPRESARIAL

- Gestão de fornecedores e materiais: seleção e gerenciamento de fornecedores para assegurar qualidade e custos; controle de materiais e suprimentos necessários para a produção; e parcerias estratégicas com fornecedores para inovação e desenvolvimento conjunto.

- Suporte e atendimento ao cliente: desenvolvimento de documentação técnica e manuais do produto; implementação de canais de suporte para ajudar clientes a utilizar o produto; e coleta de feedback do cliente para futuras melhorias.

- Análise de mercado e competitividade: estudo contínuo das tendências do mercado e da concorrência; avaliação de como o produto se posiciona em relação aos concorrentes; e ajuste da estratégia de produto com base na análise competitiva.

- Compliance e regulamentação: garantia de que os produtos estão em conformidade com as regulamentações locais e internacionais; manutenção da documentação necessária para certificações e auditorias; e adaptação dos produtos conforme mudanças nas regulamentações.

Cada etapa desse processo de produto exige coordenação entre várias áreas da empresa para garantir que o produto seja bem-sucedido desde o desenvolvimento até o fim de seu ciclo de vida. Esses processos são cruciais para garantir que os produtos de uma empresa atendam às necessidades do mercado, sejam competitivos e ofereçam valor contínuo ao cliente.

3.2.2. DESENVOLVIMENTO DE PRODUTOS (PDP)

Outra maneira de desenvolver produtos é por meio do processo de desenvolvimento de produto (PDP), um conjunto de atividades estruturadas e organizadas que uma empresa realiza para desenvolver um novo produto, desde a ideia inicial até o lançamento no mercado. O PDP é fundamental para garantir que os produtos sejam desenvolvidos de forma eficiente, atendam às necessidades dos clientes e sejam competitivos no mercado.

O PDP de Robert G. Cooper (1990), comumente conhecido como o modelo *Stage-Gate*, é uma metodologia estruturada para gerenciar o desenvolvimento de novos produtos. Esse modelo é amplamente reconhecido e utilizado por empresas em todo o mundo para organizar, controlar e avaliar o progresso de projetos de inovação e desenvolvimento de produtos.

O modelo *Stage-Gate* (Figura 7) divide o processo de desenvolvimento de produto em uma série de estágios (*stages*) e pontos de decisão (*gates*). Cada estágio representa um conjunto de atividades que devem ser completadas antes de avançar para o próximo estágio. Os *gates* são pontos de controle em que o progresso do projeto é revisado e decisões são tomadas para determinar se o projeto deve prosseguir, ser ajustado ou ser encerrado.

Figura 7 - Processo de desenvolvimento de produto (PDP)

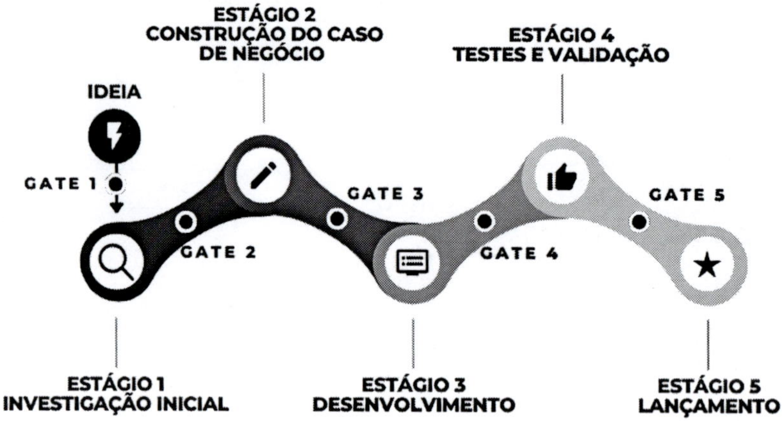

Fonte: o autor com base em Cooper (1990)

- Descoberta (*Discovery*): identificação de novas oportunidades de produto e geração de ideias iniciais.

GESTÃO SIMPLES ASSIM: O GUIA PRÁTICO DA GESTÃO EMPRESARIAL

- Investigação inicial (*Stage 1: Scoping*): pesquisa preliminar de mercado e viabilidade técnica e avaliação de potencial de mercado e desafios técnicos.

- Construção do caso de negócio (*Stage 2: Business Case*): pesquisa de mercado mais detalhada; especificações do produto, análise financeira e plano de negócios.

- Desenvolvimento (*Stage 3: Development*): desenvolvimento do produto; desenvolvimento de protótipos, testes iniciais e preparação para produção.

- Testes e validação (*Stage 4: Testing & Validation*): testes de mercado, testes de produto e testes de produção e validação do conceito, processo de fabricação e aceitação do mercado.

- Lançamento (*Stage 5: Launch*): implementação da produção em escala; estratégia de lançamento e comercialização e monitoramento inicial de vendas e feedback do mercado.

Cada estágio é precedido por um *gate*, em que a equipe de projeto apresenta os resultados obtidos até aquele ponto. Os *gates* avaliam se o projeto atingiu os objetivos necessários para prosseguir, avaliam os recursos necessários para o próximo estágio e definem as próximas etapas do projeto.

Esse modelo é uma ferramenta poderosa para empresas que buscam otimizar seus processos de inovação e garantir o sucesso de novos produtos no mercado. O PDP é essencial para qualquer empresa que busca inovar e manter sua competitividade no mercado. Ao seguir um PDP estruturado, as empresas podem reduzir riscos, otimizar recursos e garantir que os novos produtos atendam às necessidades dos clientes e às expectativas do mercado.

O PDP envolve concepção, planejamento, desenvolvimento e lançamento de novos produtos, visando atender às necessidades do mercado. O *design thinking*, por sua vez, é uma abordagem centrada no usuário que utiliza a empatia, a experimentação e a colaboração para resolver problemas complexos e criar soluções inovadoras. Integrar o *design thinking* ao PDP resulta em produtos mais alinhados às expectativas dos clientes e com maior potencial de sucesso no mercado.

3.2.3. DESENVOLVIMENTO DE PRODUTOS (*DESIGN THINKING*)

Outro processo usado para desenvolvimento de produto é o *design thinking*, uma abordagem centrada no ser humano para a inovação, que se baseia na capacidade dos designers de integrar as necessidades das pessoas, as possibilidades da tecnologia e os requisitos para o sucesso dos negócios. O processo de *Design Thinking* (Figura 8) é dividido em várias etapas principais, que podem variar ligeiramente dependendo da interpretação, mas geralmente incluem as seguintes fases.

Figura 8 – *Design Thinking*

Fonte: o autor com base em Brown (2008)

- Empatia: compreender profundamente necessidades, desejos e desafios dos usuários finais a fim de obter insights sobre as motivações e dores dos usuários.

- Definição: reunir e sintetizar as informações coletadas na fase de empatia para definir claramente o problema que precisa ser resolvido, para assim determinar um problema bem definido que guia o processo criativo subsequente.

- Ideação: gerar o maior número possível de ideias para resolver o problema definido obtendo uma ampla gama de ideias e possíveis soluções.

- Prototipagem: transformar ideias em representações tangíveis que possam ser testadas e validadas, construindo protótipos que possam ser testados com usuários para feedback.

- Teste: validar os protótipos com os usuários reais, coletando feedback para refinar as soluções obtendo, assim, insights valiosos que informam refinamentos no design ou direcionam para novas iterações.

- Implementação: lançar a solução final no mercado ou integrá-la ao processo de produção, tendo, dessa forma, a solução implementada e adotada, com acompanhamento contínuo para garantir seu sucesso.

O *Design Thinking* é amplamente utilizado em setores como inovação de produtos, serviços, processos empresariais e até na solução de problemas sociais. É uma abordagem poderosa para criar soluções que realmente ressoam com os usuários, combinando criatividade com rigor analítico.

O *Design Thinking* e o QFD (*Quality Function Deployment* – desdobramento da função da qualidade) são abordagens complementares no desenvolvimento de produtos. O *Design Thinking* é uma metodologia centrada no usuário que promove a inovação por meio de empatia, experimentação e colaboração para resolver problemas complexos. Já o QFD é uma técnica sistemática que transforma as necessidades dos clientes em requisitos de design, garantindo que a voz do cliente seja incorporada em todas as etapas do desenvolvimento do produto. Juntas, essas abordagens ajudam a criar soluções que são tanto inovadoras quanto alinhadas às expectativas e necessidades dos clientes.

3.2.4. DESENVOLVIMENTO DE PRODUTOS (QFD)

Por último, porém não menos importante, aborda-se o QFD, essa metodologia ajuda a garantir que a "voz do cliente" seja central em todas as etapas do processo de desenvolvimento, desde o design inicial até a produção e entrega. É uma metodologia estruturada e sistemática usada para traduzir necessidades e desejos dos clientes em requisitos técnicos e de qualidade durante o desenvolvimento de produtos ou serviços.

O QFD tem como objetivo capturar e priorizar as necessidades dos clientes, garantindo que o produto ou serviço final atenda ou exceda as expectativas dos clientes. Além disso, traduz essas necessidades em requisitos e especificações técnicas detalhadas. Por fim, facilita o processo de melhoria contínua do produto ou serviço ao longo do ciclo de vida.

Como principal componente desse processo, o QFD revela a casa da qualidade, que é a ferramenta central do QFD, representada como uma matriz que mapeia as necessidades dos clientes (o "o quê") contra as características técnicas do produto (o "como").

- Necessidades dos clientes (*What*): lista das necessidades e expectativas dos clientes, geralmente baseadas em pesquisas, entrevistas e feedback.

- Características técnicas (*How*): especificações técnicas ou funcionalidades que o produto deve ter para atender às necessidades dos clientes.

- Relacionamento (*Matrix*): indica a correlação entre as necessidades dos clientes e as características técnicas, com diferentes níveis de importância.

- **Comparação competitiva:** avaliação de como os concorrentes atendem às necessidades dos clientes, usada para definir *benchmarks*.
- **Esforço técnico:** avalia a dificuldade ou complexidade de implementar cada característica técnica.

Destarte, alguns outros processos compõem o QFD, tais como: o planejamento da qualidade (identifica e prioriza as necessidades dos clientes e estabelece metas de qualidade para cada uma), o desdobramento das funções (desdobra as necessidades dos clientes em diferentes níveis de detalhes e requisitos ao longo das diversas etapas de desenvolvimento) e o controle da qualidade (garante que o produto final atenda às especificações estabelecidas no QFD).

O QFD é uma metodologia sistemática para garantir que a voz do cliente seja traduzida em requisitos técnicos durante o desenvolvimento de produtos, quando bem aplicado, pode resultar em produtos que não apenas satisfazem, mas também excedem as expectativas dos clientes, criando vantagem competitiva e sucesso no mercado.

Design Thinking, QFD, PDP e o processo de produtos são abordagens integradas no desenvolvimento de soluções eficazes. O *Design Thinking* foca na inovação centrada no usuário, utilizando empatia e experimentação. O QFD transforma as necessidades dos clientes em requisitos de design, garantindo que suas vozes sejam ouvidas. O PDP estrutura as etapas desde a concepção até o lançamento do produto. Juntos, esses processos asseguram que o desenvolvimento do produto seja inovador, alinhado às expectativas do cliente e conduzido de maneira eficiente e organizada.

3.3. ORGANIZANDO OS PROCESSOS DA ÁREA DE OPERAÇÕES

Para iniciar a organização dos processos da área produtiva, deve-se classificá-los e priorizá-los, para tanto usa-se o princípio de Pareto e a análise ABC. O princípio de Pareto e a análise ABC são metodologias amplamente utilizadas para identificar e priorizar os elementos mais importantes dentro de um conjunto de dados, permitindo às organizações focarem seus recursos e esforços de forma mais eficiente.

O princípio de Pareto, também conhecido como a regra 80/20, sugere que aproximadamente 80% dos efeitos vêm de 20% das causas. Isso significa que, em muitos contextos, uma pequena porcentagem dos itens ou causas é responsável pela maior parte dos resultados. Por exemplo, 80% das vendas podem ser geradas por 20% dos clientes, ou 80% dos defeitos podem ser causados por 20% dos problemas. Ao identificar esses 20% críticos, as empresas podem direcionar suas ações para obter o maior impacto possível.

A análise ABC, por sua vez, aplica o conceito de Pareto para categorizar itens em três classes: A, B e C. Os itens da Classe A são os mais valiosos ou críticos, geralmente representando cerca de 20% dos itens que respondem por 70-80% do valor total. A Classe B inclui itens de importância intermediária, enquanto a Classe C contém os itens menos valiosos, que, embora numerosos, representam uma pequena fração do valor total. Essa categorização permite às empresas focarem no controle rigoroso dos itens da Classe A, enquanto dedicam menos atenção aos itens das Classes B e C.

> Nota: *As curvas ABC, XYZ, 123 e PQR são metodologias de análise utilizadas para categorizar e priorizar itens em gestão de estoques e produção. A curva ABC classifica itens com base em seu valor e impacto financeiro, priorizando os mais valiosos. A curva XYZ categoriza itens com base na regularidade de demanda, ajudando na gestão de estoques. A curva 123 organiza itens por complexidade de produção, enquanto a PQR agrupa itens por frequência de reposição ou produção. Essas análises auxiliam na tomada de decisões estratégicas, otimizando recursos e melhorando a eficiência operacional.*

> EXPERIÊNCIA Case – EMPRESA H (ESTOQUE ALTO E SEM PROPÓSITO): identifiquei que uma empresa trabalhava com um estoque muito alto e isso acarretava uma saúde financeira debilitada. O problema estava na escolha e nas quantidades de produtos comprados. Inicialmente, levantei um Pareto (análise ABC), identifiquei o que e quanto a empresa deveria manter (que tinha giro) e o que ela deveria descartar. Ainda, para sanear a empresa, planejei vendas on-line do estoque de "descarte" e trocas de mercadorias com fornecedores.

Essas abordagens são frequentemente usadas juntas para otimizar a gestão de estoques, controle de qualidade e estratégias de vendas. Por exemplo, a análise ABC pode ser aplicada para identificar os itens de estoque que merecem maior atenção, enquanto o princípio de Pareto pode ajudar a identificar os principais problemas de qualidade ou os clientes mais lucrativos. Em resumo, tanto o princípio de Pareto quanto a análise ABC são ferramentas poderosas para a priorização e a eficiência operacional, permitindo que as organizações concentrem seus esforços nas áreas que realmente fazem a diferença.

Organizar os processos da área produtiva é essencial para melhorar a eficiência, reduzir custos e garantir a qualidade dos produtos. O primeiro passo é mapear todos os processos, desde o recebimento de matérias-primas até a entrega do produto final, identificando cada etapa e as interações entre elas. Esse mapeamento ajuda a visualizar o fluxo de trabalho e a identificar possíveis gargalos ou ineficiências.

> EXPERIÊNCIA Case – EMPRESA I (PRODUTOS EM DUPLI-CIDADE): certa vez uma empresa estava com muitos problemas de expedição de produtos ao cliente, ou este recebia a menos ou recebia a mais. Ainda que a mais, por vezes o cliente não informava a empresa e íamos descobrir somente no inventário de estoques. Conhecendo o problema, fui estudar a operação e percebi que, mesmo tendo uma balança para pesagem dos pedidos, essa balança por vezes não era usada corretamente. Outro ponto era que os produtos não eram registrados um a um, pois, como tinham muitos produtos similares, os operadores registravam um produto e colocavam manualmente os demais. Implantei o "DNA" do produto: todos os produtos tinham um código único e somente podiam ser registrados um a um. O problema de quantidade de peças para mais ou a menos com o cliente foi eliminado.

Padronizar os procedimentos operacionais é crucial para garantir a consistência na execução das tarefas. Crie manuais detalhados e fluxogramas que descrevam cada etapa do processo, assegurando que todas as atividades sejam realizadas conforme as melhores práticas. Implementar ferramentas de gestão, como sistemas ERP, permite monitorar e integrar os processos produtivos em tempo real, otimizando o uso de recursos e melhorando a rastreabilidade dos produtos.

ANTES DE ADQUIRIR UM SISTEMA, ORGANIZE SEUS PROCESSOS, SENÃO VOCÊ TERÁ DOIS PROBLEMAS.

Definir metas e KPIs ajuda a monitorar a eficiência da produção. Indicadores como tempo de ciclo, taxa de rejeição e produtividade por máquina permitem identificar áreas que precisam de melhorias. Além disso, otimizar o layout da fábrica e o fluxo de trabalho reduz o tempo de produção e melhora a ergonomia e a segurança dos operadores.

A automação de processos produtivos, por meio de robôs e tecnologias de Internet das Coisas (*Internet of Things* – IoT), aumenta a eficiência e reduz erros. Investir em treinamento e capacitação da equipe produtiva garante que todos estejam aptos a operar de forma eficiente e segura. A manutenção preventiva dos equipamentos e a gestão da qualidade em cada etapa da produção são fundamentais para evitar paradas inesperadas e garantir a excelência dos produtos.

> Nota: *A IoT refere-se à rede de dispositivos físicos conectados à internet, que coletam, compartilham e analisam dados em tempo real. Esses dispositivos podem incluir desde eletrodomésticos até sensores industriais, permitindo automação, monitoramento e controle remoto. A IoT transforma dados em insights acionáveis, melhorando a eficiência, a tomada de decisões e criando oportunidades em diversos setores, como saúde, manufatura, transporte e cidades inteligentes.*

Monitorar continuamente os processos produtivos e adotar uma cultura de melhoria contínua (*Kaizen*) permite identificar problemas e implementar ações corretivas de forma proativa. Integrar a área produtiva com outras áreas da empresa, como compras, logística e vendas, garante que a produção esteja alinhada com as demandas do mercado e com a estratégia da empresa.

> **EXPERIÊNCIA Case – EMPRESA J (DOBRAR A PRODUÇÃO):** em uma empresa a produção estava aparentemente saturada e muito baixa. O desejo da empresa era dobrar a produção e, para tanto, estavam procurando um outro espaço. Eu fui estudar a produção existente, fiz um estudo de capacidades e percebi que no mesmo local e com as mesmas condições a empresa poderia produzir mais que o dobro. Percebi também que haviam muitas paradas e que a equipe era descomprometida com o processo produtivo. Como eles trabalhavam aos sábados, acordei com a empresa que eu iria dobrar a produção, porém precisava que no sábado eles fossem dispensados. Propus a eles (produção) uma meta e que, se alcançassem, sábado não precisavam ir trabalhar. Na primeira semana chegaram muito perto (mas tiveram que ir no sábado), da segunda semana em diante bateram as metas e dobraram a produção. Após isso, para perpetuar a ação, aperfeiçoamos o PCP (planejamento e controle da produção) da empresa.

Organizar os processos da área produtiva utilizando Pareto, IoT e *Kaizen* envolve identificar e focar nas principais causas de ineficiências (Pareto), implementar tecnologias de IoT para monitoramento e otimização em tempo real, e aplicar *Kaizen* para melhorias contínuas e incrementais. Essa abordagem combinada permite priorizar ações que terão maior impacto, utilizar dados para decisões mais informadas e promover uma cultura de aprimoramento constante, resultando em uma produção mais eficiente e ágil.

Com uma organização eficaz dos processos da área produtiva, a empresa se torna mais ágil, competitiva e capaz de atender às necessidades dos clientes de maneira mais eficiente e com maior qualidade.

3.3.1. PROCESSOS PRODUTIVOS

Organizar os processos produtivos e a cadeia de suprimentos de forma integrada é fundamental para garantir a eficiência operacional, reduzir custos e assegurar a qualidade e a pontualidade na entrega dos produtos. Sempre o primeiro passo para organizar os processos produtivos é mapear todos os processos produtivos, desde a aquisição de matérias-primas até a entrega do produto final ao cliente. Isso inclui identificar cada etapa de produção, os recursos necessários, tempos de processamento e as interações entre os diferentes processos.

Paralelamente, a cadeia de suprimentos deve ser mapeada, identificando fornecedores, métodos de transporte, armazenamento e logística. A integração desses mapas permite visualizar todo o fluxo, identificar gargalos e pontos de melhoria tanto na produção quanto no abastecimento.

NÃO ADIANTA SOMENTE MAPEAR OS PROCESSOS, TEM-SE QUE CONHECER O QUE FAZER QUANDO ELES FALHAM.

Padronizar os procedimentos operacionais em ambas as áreas é essencial para garantir a consistência e a qualidade. No caso dos processos produtivos, isso envolve a criação de manuais operacionais detalhados, fluxogramas e checklists para assegurar que cada etapa seja realizada conforme as melhores práticas. Na cadeia de suprimentos, a padronização inclui processos de seleção e qualificação de fornecedores, gestão de estoques e procedimentos de transporte e logística.

A automação dos processos produtivos, como o uso de robôs e sistemas de controle automático, pode aumentar significativamente a eficiência e reduzir erros. Na cadeia de suprimentos, a automação pode incluir sistemas avançados de gestão de estoques e o uso de IoT para rastreamento em tempo real de mercadorias, garantindo a visibilidade total da cadeia.

As ferramentas de gestão, como sistemas ERP, são cruciais para a integração e o monitoramento em tempo real dos processos produtivos e da cadeia de suprimentos. Um ERP pode centralizar informações de produção, finanças e recursos humanos, ajuda a gerenciar o fluxo de materiais, desde a aquisição até a entrega final, otimizando estoques e garantindo que a produção não sofra interrupções por falta de insumos.

A adoção de uma cultura de melhoria contínua (*Kaizen*) é importante tanto na produção quanto na cadeia de suprimentos. Isso envolve o monitoramento constante dos KPIs, a realização de auditorias regulares e a implementação de ações corretivas e preventivas baseadas em dados concretos e feedbacks das equipes. Estabelecer metas claras e KPIs para ambos os processos é essencial.

Na produção, KPIs como eficiência global dos equipamentos (*Overall Equipment Effectiveness* – OEE), tempo de ciclo e taxa de rejeição ajudam a monitorar a produtividade e a qualidade. OEE é uma métrica essencial na gestão de operações que avalia a eficiência de equipamentos ou linhas de produção, identificando perdas e ajudando a melhorar a produtividade. Expresso como uma porcentagem, o OEE é calculado com base em três fatores: disponibilidade, que mede o tempo em que o equipamento está operando em comparação ao tempo planejado, considerando paradas não planejadas; desempenho, que avalia a velocidade de operação em relação à capacidade máxima, levando em conta perdas por operação em ritmo mais lento; e qualidade, que mede a proporção de produtos que atendem aos padrões de qualidade em relação ao total produzido, contabilizando produtos defeituosos ou que necessitam de retrabalho.

> <u>Nota:</u> *O OEE permite às empresas identificarem e abordarem as principais causas de ineficiência, resultando em maior eficiência operacional, redução de custos, melhoria da qualidade e aumento da lucratividade. Portanto, o OEE é uma ferramenta poderosa para maximizar a utilização dos recursos de produção e alcançar uma operação mais competitiva e eficaz.*

Na cadeia de suprimentos, indicadores como *lead time*, precisão dos estoques, custos de transporte e nível de serviço ao cliente são fundamentais para garantir que os materiais certos estejam disponíveis no momento certo e ao menor custo possível. Para tanto, otimizar o layout da fábrica e o fluxo de trabalho é vital para reduzir o tempo de produção e minimizar movimentações desnecessárias de materiais. Na cadeia de suprimentos, isso envolve o planejamento estratégico de armazéns e centros de distribuição, além da escolha eficiente de rotas de transporte para minimizar custos e tempos de entrega.

Implementar um programa robusto de manutenção preventiva com SMED (*Single Minute Exchange of Die* – troca rápida de ferramentas) nos processos produtivos é vital para evitar paradas inesperadas e garantir que os equipamentos operem em condições ideais. Na cadeia de suprimentos, a gestão de riscos inclui a diversificação de fornecedores, planejamento de contingências e monitoramento constante de fatores externos que possam impactar o fluxo de materiais.

> Nota: *O SMED é uma metodologia utilizada para reduzir o tempo de setup ou troca de ferramentas em processos produtivos. A metodologia envolve a separação das atividades de setup em operações internas (que só podem ser realizadas com a máquina parada) e externas (que podem ser realizadas enquanto a máquina está operando), além de padronizar e simplificar as operações para acelerar o processo.*

Uma integração eficaz entre a produção, a cadeia de suprimentos e outras áreas da empresa, como vendas, marketing e finanças, garante que todas as partes da organização estejam alinhadas com os objetivos estratégicos. Isso ajuda a garantir que a produção atenda à demanda do mercado de forma eficiente e que a cadeia de suprimentos seja ágil o suficiente para responder rapidamente às mudanças nas necessidades de produção.

Organizar os processos produtivos e a cadeia de suprimentos de forma integrada não só melhora a eficiência e a competitividade da empresa, mas também garante a satisfação do cliente final, que recebe produtos de alta qualidade, no prazo certo e com o menor custo possível.

3.3.2. CADEIA DE SUPRIMENTOS (*SUPPLY CHAIN*)

Uma cadeia de suprimentos é composta de todas as etapas envolvidas na produção e entrega de um produto ou serviço, desde a obtenção de matérias-primas até a entrega ao cliente final. Isso inclui fornecedores, fabricantes, distribuidores, varejistas e os processos de logística e transporte. A cadeia também abrange o fluxo de informações, finanças e materiais entre essas etapas, com o objetivo de otimizar a eficiência e a colaboração entre os diferentes participantes, garantindo que os produtos cheguem ao mercado de forma eficiente e econômica.

> QUANTO MAIS INFORMAÇÃO, MAIS INTEGRADO E ÁGIL FICA O PROCESSO PRODUTIVO, FATURANDO O PRODUTO MAIS RAPIDAMENTE. DESSA FORMA, O RECEBIMENTO É ANTECIPADO.

Uma gestão eficaz dos fornecedores é crucial para a cadeia de suprimentos. Comece selecionando fornecedores confiáveis e avaliando-os com base em critérios como qualidade, custo, capacidade de entrega e sustentabilidade. Estabeleça parcerias estratégicas com fornecedores-chave para garantir a continuidade do fornecimento e a capacidade de responder rapidamente a mudanças na demanda.

Um planejamento eficaz de estoques é essencial para equilibrar a disponibilidade de materiais com o custo de armazenagem. Use métodos como *Just-in-Time* (JIT – no momento certo) para reduzir estoques excessivos e liberar capital de giro, mantendo apenas o necessário para atender à produção. Ferramentas de gestão de estoques, como sistemas ERP e WMS (*Warehouse Management System* – sistema de gerenciamento de armazém), ajudam a monitorar os níveis de estoque em tempo real e a prever as necessidades futuras.

> Nota: *JIT é uma metodologia de gestão de produção que busca reduzir o tempo de produção e os estoques, entregando materiais e componentes exatamente quando são necessários no processo produtivo. O objetivo do JIT é minimizar desperdícios, melhorar a eficiência e aumentar a flexibilidade da produção, garantindo que os produtos sejam fabricados e entregues com a maior rapidez possível, sem a necessidade de manter grandes estoques.*

Otimizar a logística e o transporte é fundamental para garantir que os materiais e produtos cheguem aos destinos certos no menor tempo possível e com o menor custo. Isso inclui a escolha eficiente de rotas de transporte, a consolidação de cargas e a seleção de parceiros logísticos confiáveis. Tecnologias como RFID (*Radio Frequency Identification* – identificação por radiofrequência), GPS e IoT permitem o monitoramento em tempo real dos embarques, melhorando a visibilidade e a capacidade de resposta a imprevistos.

A gestão de riscos é uma parte crítica da cadeia de suprimentos. Identifique potenciais riscos, como dependência excessiva de um único fornecedor, interrupções no transporte ou flutuações nos preços das matérias-primas. Desenvolva planos de contingência, como a diversificação de fornecedores ou o estabelecimento de estoques de segurança, para mitigar esses riscos.

A automação de processos na cadeia de suprimentos pode aumentar a eficiência e reduzir erros. Isso inclui o uso de sistemas de automação para o gerenciamento de armazéns, como robôs para movimentação de materiais e sistemas automatizados de reabastecimento. Além disso, a integração de tecnologias avançadas, como *Big Data* e análise preditiva, permite prever tendências de demanda e ajustar os pedidos de suprimentos de forma mais precisa.

> EXPERIÊNCIA Case – EMPRESA K (ACOMPANHAMENTO DE PEDIDO): uma empresa possuía um problema generalizado de logística: estoque físico diferente do sistema, sistema que não era confiável etc. Enfim, o cliente não recebia no prazo e algumas vezes nas quantidades compradas erradas, resultando em muitas reclamações. Implementei um novo processo para especialmente uma pessoa em uma única função: acompanhamento de pedidos! Essa pessoa, até que se acertasse todo o processo, me levava diariamente todos os pedidos da empresa, onde estavam e por que eles estavam parados. Desta forma, regularizei a logística da empresa e ganhei tempo para irmos resolvendo todos os problemas.

Uma cadeia de suprimentos integrada, onde todas as partes estão conectadas e compartilham informações em tempo real, é mais ágil e responsiva. Isso inclui a integração com fornecedores, parceiros logísticos e outras áreas da empresa, como produção e vendas. Adote uma cultura de melhoria contínua na gestão da cadeia de suprimentos. Isso envolve o monitoramento constante dos KPIs, como *lead time*, custos de transporte, precisão dos estoques e nível de serviço ao cliente. Realize auditorias regulares e implemente melhorias baseadas em dados concretos e feedbacks dos envolvidos.

Um dos KPIs mais usados para medir o sucesso da cadeia de suprimentos é o *On Time In Full* (OTIF – no prazo e completo), que é uma métrica essencial na gestão da cadeia de suprimentos e logística que avalia a capacidade de uma empresa atender os pedidos dos clientes de forma eficiente, entregando os produtos no tempo certo (*On Time*) e na quantidade correta (*In Full*). Essa métrica é expressa como uma porcentagem e reflete diretamente a satisfação do cliente, uma vez que mede se as entregas foram feitas conforme o prometido.

> Nota: *OTIF é calculado dividindo-se o número de entregas feitas no tempo e na totalidade pelo número total de entregas programadas, multiplicando-se o resultado por 100. Por exemplo, se uma empresa realizar 100 entregas programadas em um mês e 90 dessas entregas forem feitas de acordo com os requisitos de tempo e quantidade, o OTIF será de 90%.*

Essa métrica é crucial porque um alto índice de OTIF indica que a cadeia de suprimentos está funcionando de maneira eficiente, com bom planejamento de produção, gestão de estoques e processos logísticos eficazes. Além disso, um OTIF elevado aumenta a satisfação do cliente, reduz custos associados a entregas de emergência e falhas e oferece uma vantagem competitiva significativa no mercado.

Para melhorar o OTIF, as empresas podem adotar estratégias como planejamento preciso da demanda, otimização de estoques, melhoria da logística, comunicação constante com fornecedores e uso de dados para identificar e corrigir falhas. Monitorar e aperfeiçoar continuamente o OTIF não só melhora a eficiência operacional, mas também fortalece a relação com os clientes, garantindo entregas confiáveis e pontuais.

Por fim, organizar a cadeia de suprimentos de maneira estruturada e eficiente não só melhora a competitividade da empresa, mas também garante que os produtos cheguem ao mercado com qualidade, no tempo certo e a um custo competitivo, resultando em uma maior satisfação do cliente e em um diferencial competitivo no mercado. Investir no treinamento e na capacitação das equipes envolvidas na cadeia de suprimentos é essencial para garantir que todos estejam atualizados com as melhores práticas, novas tecnologias e métodos de gestão. Programas de desenvolvimento contínuo ajudam a manter a equipe preparada para lidar com os desafios e inovações na gestão da cadeia de suprimentos.

A cadeia de suprimentos envolve todas as etapas desde a obtenção de matérias-primas até a entrega do produto final ao consumidor, englobando fornecedores, fabricantes, distribuidores e varejistas. O *Lean Thinking*, ou pensamento enxuto, é uma abordagem que visa eliminar desperdícios e otimizar processos dentro dessa cadeia, melhorando a eficiência, a qualidade e a entrega de valor ao cliente. Quando aplicados juntos, a gestão eficaz da cadeia de suprimentos e o *Lean Thinking* resultam em operações mais ágeis, econômicas e orientadas para a satisfação do cliente.

3.3.3. SISTEMA ENXUTO *(LEAN THINKING)*

O *Lean* é uma abordagem poderosa que pode transformar a maneira como as organizações operam, levando a melhorias significativas em eficiência, qualidade e competitividade. No *Lean Thinking*, a transformação organizacional é um processo contínuo que busca maximizar a eficiência e criar mais valor para o cliente, eliminando desperdícios e melhorando constantemente. Um dos princípios centrais dessa abordagem é o conceito de "feito certo da primeira vez", que enfatiza a importância de realizar cada tarefa ou processo corretamente na primeira tentativa, evitando erros, retrabalhos e defeitos. Esse princípio não só reduz custos e aumenta a eficiência, mas também garante a alta qualidade dos produtos ou serviços.

O foco no cliente é outro pilar fundamental do *Lean*, em que todas as operações da empresa são orientadas para atender exatamente às necessidades e expectativas do cliente. Quando a empresa faz as coisas certas desde o início e entrega valor de forma consistente, o cliente percebe a qualidade e confiabilidade, o que aumenta a probabilidade de compra e fidelidade a longo prazo.

Assim, a transformação *Lean*, combinada com o princípio de "feito certo da primeira vez" e o foco no cliente, cria uma organização altamente eficiente, capaz de entregar produtos e serviços de alta qualidade que satisfazem as necessidades dos clientes, resultando em maior sucesso comercial e competitividade no mercado.

O *Lean Thinking* é uma filosofia de gestão focada na maximização do valor para o cliente, eliminando desperdícios e otimizando processos. Originado no Sistema Toyota de Produção, o *Lean Thinking* se baseia em cinco princípios fundamentais que guiam as organizações na criação de valor de forma mais eficiente.

- Identificação de valor: o primeiro passo no *Lean Thinking* é entender o que o cliente realmente valoriza. Isso envolve identificar as características do produto ou serviço que são essenciais para o cliente e que ele está disposto a pagar, eliminando tudo o que não contribui diretamente para esse valor.

- Mapeamento do fluxo de valor: uma vez que o valor foi identificado, o próximo passo é mapear o fluxo de valor, ou seja, todas as etapas necessárias para entregar esse valor ao cliente. O objetivo é identificar e eliminar atividades que não agregam valor, como retrabalhos, esperas e movimentações desnecessárias.

- Criação de fluxo contínuo: após mapear o fluxo de valor, o *Lean Thinking* busca criar um fluxo contínuo de produção ou serviço, em que o trabalho flui sem interrupções de uma etapa para outra. Isso reduz o tempo de ciclo e aumenta a eficiência do processo, eliminando gargalos e esperas desnecessárias.

- Sistema puxado: em vez de produzir com base em previsões de demanda, o *Lean* adota um sistema puxado, em que a produção ou entrega de serviços ocorre em resposta à demanda real do cliente. Isso ajuda a reduzir estoques excessivos e a garantir que os recursos sejam utilizados de forma mais eficiente.

- Perfeição: o último princípio do *Lean Thinking* é a busca contínua pela perfeição. Isso significa que as organizações devem constantemente revisar e melhorar seus processos, buscando eliminar desperdícios e aumentar o valor entregue ao cliente. A ideia é que a melhoria contínua (*Kaizen*) deve ser parte integrante da cultura organizacional.

Os sete desperdícios (ou "mudas") no *Lean Manufacturing* (Figura 9) são fatores que não agregam valor ao processo produtivo e devem ser eliminados para aumentar a eficiência. Atualmente, ainda se pontua o oitavo desperdício, o potencial humano. Ele ocorre quando habilidades, conhecimentos e criatividade dos colaboradores não são plenamente aproveitados. Isso pode se manifestar em falta de treinamento, ausência de envolvimento em melhorias ou subutilização de talentos. Eliminar esse desperdício envolve valorizar e empoderar os funcionários, promovendo um ambiente onde suas contribuições possam agregar mais valor à organização.

Figura 9 – Os 7 desperdícios do *Lean*

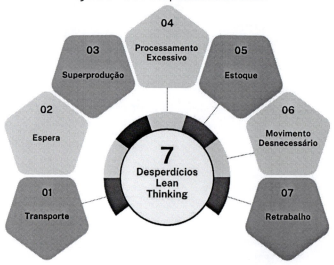

Fonte: o autor com base em Ohno (1988)

Um mapa de desperdícios é uma ferramenta utilizada para identificar, visualizar e eliminar atividades que não agregam valor em processos dentro de uma organização. Essa prática é amplamente adotada na gestão *Lean*, cujo objetivo é aumentar a eficiência eliminando desperdícios, melhorando o fluxo e a produtividade. Existem sete tipos clássicos de desperdícios (também conhecidos como "mudas") que podem ser mapeados.

- Superprodução: produzir mais do que o necessário ou antes da demanda, resultando em excesso de inventário.

- Esperas: tempo perdido quando um processo está parado, esperando por materiais, informações ou outras tarefas.

- Transporte: movimentação desnecessária de materiais ou produtos entre processos, que não agrega valor ao cliente.

- Excesso de estoque: manter mais produtos ou materiais do que o necessário, o que aumenta os custos e ocupa espaço.

- Movimento desnecessário: movimentos desnecessários de pessoas ou máquinas que não contribuem para o valor final do produto.

- Processamento excessivo: realizar atividades ou operações que não são necessárias ou que podem ser simplificadas.

- Defeitos: produção de produtos com defeitos ou não conformes que precisam de retrabalho ou substituição.

> _Nota:_ _Além dos sete clássicos do Lean Manufacturing, tem-se o oitavo desperdício, que é o desperdício de potencial humano. Esse desperdício ocorre quando habilidades, criatividade e conhecimento dos colaboradores não são plenamente aproveitados, resultando em perda de oportunidades para inovação e melhoria contínua. Ele pode se manifestar por meio de falta de treinamento e desenvolvimento, subutilização de talentos, baixo engajamento e falta de participação dos funcionários nas decisões. Para eliminar esse desperdício, é crucial avaliar e utilizar as competências dos colaboradores, implementar programas de treinamento, promover uma cultura de inovação e motivação e empoderar os funcionários, dando-lhes mais autonomia e poder de decisão. Ao abordar o desperdício de potencial humano, a empresa não apenas aumenta a produtividade e a qualidade, mas também melhora a retenção de talentos e fomenta um ambiente de trabalho mais inovador e engajador, maximizando o valor dos recursos humanos e contribuindo para o sucesso organizacional._

EXPERIÊNCIA Case – EMPRESA L (MAPA DE DESPERDÍCIO): em uma empresa que faturava alto, porém o lucro era muito baixo, fui convidado a reduzir os desperdícios. Fiz um diagnóstico detalhado e construí um "mapa de desperdício" de processos e retrabalhos, principalmente financeiros. Detalhei um plano de recuperação, priorizamos com a diretoria as ações e implantamos. Aos poucos, a empresa foi retomando o crescimento.

Construir um mapa de desperdícios é um passo fundamental para otimizar processos, reduzir custos e melhorar a qualidade, contribuindo para o desempenho geral e a competitividade da empresa. Construir um mapa de desperdícios envolve uma série de etapas que permitem identificar e visualizar atividades que não agregam valor aos processos da organização. Aqui está um guia para construir um mapa de desperdícios.

- Identificação do processo a ser analisado: escolha um processo específico dentro da organização para análise. Esse processo pode ser uma linha de produção, um fluxo de trabalho administrativo ou qualquer outro que seja crucial para as operações.

- Mapeamento do fluxo de trabalho: crie um diagrama que represente todas as etapas do processo, desde o início até a entrega final do produto ou serviço. Inclua todos os passos, mesmo aqueles que parecem menores ou insignificantes.

- Observação direta e coleta de dados: observe diretamente o processo em ação, documentando o tempo gasto em cada etapa, os recursos utilizados e quaisquer atrasos ou movimentações desnecessárias. Converse com os funcionários envolvidos para obter insights adicionais sobre onde podem existir ineficiências.

- Identificação dos desperdícios: utilize as sete categorias clássicas de desperdícios (superprodução, espera, transporte, excesso de estoque, movimentação desnecessária, processamento excessivo e defeitos) para identificar onde o processo apresenta atividades que não agregam valor.

- Registro dos desperdícios: anote cada desperdício identificado no mapa de fluxo. Isso pode ser feito diretamente no diagrama do fluxo de trabalho, destacando as áreas problemáticas com símbolos ou códigos de cores para facilitar a visualização.

- Análise das causas-raízes: para cada desperdício identificado, realize uma análise das causas-raízes para entender por que esses desperdícios ocorrem. Ferramentas como o diagrama de Ishikawa (espinha de peixe) ou a técnica dos 5 porquês podem ser úteis para aprofundar essa análise.

- Proposição de melhorias: desenvolva um plano de ação para eliminar ou reduzir os desperdícios. Isso pode incluir mudanças no layout, automação de tarefas, treinamento de funcionários ou revisão de políticas e procedimentos.

- Implementação das melhorias: coloque em prática as mudanças propostas, envolvendo as equipes responsáveis e assegurando que todos compreendam as novas práticas e objetivos.

- Monitoramento e ajustes: após a implementação, monitore o processo para verificar se os desperdícios foram reduzidos ou eliminados. Continue ajustando conforme necessário para garantir que as melhorias sejam sustentáveis ao longo do tempo.

- Revisão contínua: mantenha o ciclo de análise e melhoria contínua. O mapeamento de desperdícios deve ser um processo dinâmico, com revisões regulares para adaptar-se às mudanças nas operações ou no ambiente de negócios.

Um mapa de desperdícios oferece inúmeros benefícios para uma organização ao identificar e eliminar atividades que não agregam valor aos processos. Ele melhora a eficiência operacional ao simplificar o fluxo de trabalho e eliminar gargalos, resultando em uma produção mais ágil e com menor consumo de recursos. Além disso, ao reduzir custos operacionais, como estoques excessivos, movimentações desnecessárias e retrabalho, a empresa pode aumentar sua rentabilidade.

O mapa de desperdícios também promove uma cultura de melhoria contínua, incentivando todos os níveis da organização a buscarem constantemente formas de otimizar os processos. Esses fatores, combinados, não apenas melhoram os resultados empresariais, mas também aumentam a competitividade da empresa no mercado.

O mapa de desperdícios e as ferramentas *Lean* são essenciais para identificar e eliminar ineficiências em processos produtivos. O mapa de desperdícios visualiza onde ocorrem perdas de recursos, como tempo, materiais e esforço, enquanto as ferramentas *Lean* fornecem métodos para reduzir ou eliminar esses desperdícios. Juntos, esses recursos promovem uma produção mais eficiente, reduzindo custos e aumentando o valor entregue ao cliente.

As ferramentas *Lean* são métodos desenvolvidos para apoiar a implementação dos princípios *Lean*, com o objetivo de eliminar desperdícios, melhorar a eficiência e aumentar o valor entregue ao cliente. Entre as principais ferramentas estão as listadas a seguir.

- 5S: organiza e padroniza o ambiente de trabalho, promovendo eficiência e segurança.

- *Kaizen*: promove a melhoria contínua e envolve todos os funcionários na busca por incrementos constantes na eficiência e qualidade.

- *Kanban*: um sistema visual de controle de produção que melhora o fluxo de trabalho e reduz estoques.

- JIT: produz exatamente o que é necessário, quando é necessário, minimizando estoques e custos.

- *Poka-Yoke*: dispositivos à prova de erros que evitam defeitos no processo de produção.

- *Heijunka*: nivela a produção para distribuir a carga de trabalho uniformemente e melhorar a eficiência.

- *Total Productive Maintenance* (TPM): envolve todos os funcionários na manutenção dos equipamentos para evitar paradas não planejadas.

- *Andon*: sistema de sinalização que alerta sobre problemas no processo, permitindo ação imediata.

- *SMED*: reduz o tempo de setup de máquinas, aumentando a flexibilidade da produção.

- *Hoshin Kanri*: método de planejamento estratégico que alinha os objetivos de longo prazo com as ações diárias da organização.

- Mapa de fluxo de valor (*Value Stream Mapping* – VSM): visualiza e analisa o fluxo de materiais e informações, identificando atividades que não agregam valor.

- *Gemba:* conceito de ir ao local de trabalho para observar e entender os processos diretamente.

AS FERRAMENTAS DEVEM SER UTILIZADAS QUANDO NECESSÁRIO, NÃO UTILIZE PARA TODO TIPO DE PROBLEMA. IMAGINE QUE SE TEM UM PARAFUSO PARA ROSQUEAR E LOGO SE USA UMA CHAVE DE FENDA, PORÉM O PARAFUSO É ROSQUEADO SIMPLESMENTE COM A MÃO.

EXPERIÊNCIA Case – EMPRESA M (APRENDA COM QUEM EXECUTA): certa feita, em uma grande empresa, assumi um processo de ponta a ponta, em que todos sabiam o processo e em dois dias também tomei conhecimento dele. Após isso, realizei um trabalho com as pessoas que executavam os processos (Gemba) e aprendi não só a maneira de execução, mas também, e principalmente, o que fazer se desse algo errado no processo.

Para aplicar a abordagem *Lean* nos processos produtivos ou na empresa como um todo, deve-se iniciar fazendo o mapeamento do fluxo de valor (VSM) que é uma ferramenta essencial no *Lean Thinking*, utilizada para visualizar, analisar e melhorar os processos dentro de uma organização. Ele permite identificar e eliminar desperdícios ao longo de todas as etapas de produção ou serviço, desde a matéria-prima até a entrega ao cliente final. O mapeamento começa com a escolha do processo a ser analisado, seguido pela criação de um mapa do estado atual, que representa o fluxo de materiais e informações, identificando atividades que agregam e não agregam valor.

AO MAPEAR PROCESSOS, PENSE DE FORMA SISTÊMICA E NUNCA PONTUAL.

Com o mapa do estado atual, a organização pode analisar e identificar os desperdícios, como esperas, movimentações desnecessárias e excesso de processamento. Em seguida, desenha-se o mapa do estado futuro, em que esses desperdícios são minimizados ou eliminados, criando um processo mais eficiente e orientado ao cliente. Após a implementação das melhorias, é crucial acompanhar o progresso para garantir que as mudanças sejam sustentadas e que o processo continue evoluindo.

O VSM é uma ferramenta *Lean* que tem por objetivo principal identificar e eliminar desperdícios, melhorando a eficiência e a produtividade. Os componentes principais do VSM são os seguintes.

- Fluxo de informações: representa como as informações fluem ao longo do processo, desde o pedido do cliente até a entrega do produto ou serviço.

- Fluxo de materiais: mostra como os materiais (ou informações, em processos de serviço) se movem pelo processo, desde a matéria-prima até o produto acabado.

- Tempos de processo: inclui tempos de ciclo (tempo que leva para completar uma tarefa) e tempos de espera, ajudando a identificar gargalos.

- Ícones e simbologia: o VSM utiliza uma simbologia padronizada para representar diferentes aspectos do processo, como fluxo de materiais, processos de valor agregado, armazenamento, transporte, entre outros.

O VSM oferece inúmeros benefícios, incluindo a identificação clara de desperdícios, melhoria da eficiência operacional, alinhamento organizacional e um foco mais acentuado na criação de valor para o cliente. Em resumo, é uma ferramenta poderosa para qualquer organização que busca implementar os princípios *Lean* e maximizar a eficiência e o valor entregue ao cliente.

No *Lean*, identificar o valor é um dos passos mais fundamentais e críticos para a otimização dos processos. Valor é definido como qualquer ação ou processo que o cliente está disposto a pagar, ou seja, algo que contribui diretamente para atender às necessidades e expectativas do cliente. O foco do *Lean* é maximizar essas atividades de valor agregado e eliminar ou reduzir as atividades que não agregam valor (desperdícios).

A modernização é essencial para que as empresas se mantenham relevantes e competitivas em um ambiente de negócios cada vez mais complexo e dinâmico. Isso inclui a integração de tecnologias digitais, automação, análise de dados em tempo real e práticas de sustentabilidade para criar uma cadeia de valor mais eficiente, ágil e responsável. A cadeia de valor modernizada é uma evolução do conceito tradicional de cadeia de valor, adaptada para o ambiente dinâmico e digitalizado de hoje. Ela integra tecnologias avançadas, como IoT, *Big Data* e IA, para otimizar processos, reduzir custos e melhorar a tomada de decisões em tempo real. Além disso, promove maior conectividade e colaboração entre todos os stakeholders, permitindo respostas ágeis às mudanças do mercado.

Em resumo, a cadeia de valor modernizada não apenas agrega valor aos produtos e serviços, mas também fortalece a competitividade das empresas, tornando-as mais eficientes, sustentáveis e alinhadas com as expectativas dos clientes e da sociedade. Ao adotar o *Lean Thinking*, as empresas podem reduzir custos, melhorar a qualidade, acelerar o tempo de entrega e aumentar a satisfação do cliente. A abordagem *Lean* não é limitada à manufatura, sendo aplicável em uma ampla variedade de setores, incluindo serviços, saúde, tecnologia e muito mais. Em essência, *Lean Thinking* é sobre criar mais valor para o cliente com menos recursos, promovendo uma cultura de melhoria contínua e eficiência operacional.

O *Lean Thinking* e a integração dos processos produtivos visam melhorar a eficiência e eliminar desperdícios em toda a cadeia de produção. *Lean Thinking* foca na melhoria contínua e na redução de atividades que não agregam valor, enquanto a integração dos processos produtivos garante que todas as etapas da produção estejam alinhadas e funcionando de maneira coesa. Juntas, essas abordagens promovem uma operação mais eficiente, com processos otimizados e maior valor entregue ao cliente.

3.3.4. INTEGRAÇÃO DOS PROCESSOS PRODUTIVOS

A integração dos processos produtivos envolve coordenação e alinhamento de todas as etapas de produção dentro de uma empresa para garantir que funcionem de maneira harmoniosa e eficiente. Essa integração permite que diferentes áreas, como produção, logística e controle de qualidade, colaborem de forma eficaz, reduzindo falhas de comunicação, atrasos e desperdícios. O objetivo é otimizar o fluxo de trabalho, melhorar a qualidade do produto final e aumentar a produtividade geral, resultando em uma operação mais ágil e competitiva.

A integração dos processos produtivos vai além da simples coordenação das etapas de produção; ela busca uma sinergia completa entre todos os elementos envolvidos no processo produtivo, desde o planejamento até a execução. Isso inclui a integração de sistemas de informação, métodos de trabalho e a comunicação entre diferentes departamentos, como compras, produção, vendas e logística.

> EXPERIÊNCIA Case – EMPRESA N (INTEGRAÇÃO DAS AÇÕES): em uma certa empresa, mudei a forma de operação realizando um plano padronizado de ações. Isso tornou a empresa mais ágil, todos "enxergavam" seus trabalhos e o cliente final tinha uma perecibilidade de recebimento muito precisa.

A integração eficaz resulta em uma cadeia de valor mais robusta, em que cada etapa do processo está alinhada com as demais, permitindo uma resposta rápida às mudanças na demanda, melhor utilização dos recursos e uma redução significativa de erros e retrabalhos. Além disso, a integração facilita a implementação de práticas de melhoria contínua e inovação, pois proporciona uma visão holística do processo produtivo, identificando pontos de otimização e garantindo que todos os envolvidos trabalhem em direção aos mesmos objetivos estratégicos.

A INTEGRAÇÃO EFICAZ RESULTA EM UMA CADEIA DE VALOR MAIS ROBUSTA, EM QUE CADA ETAPA DO PROCESSO ESTÁ ALINHADA COM AS DEMAIS.

A integração dos processos produtivos também envolve a harmonização de tecnologias e sistemas, permitindo que dados e informações fluam sem interrupções entre diferentes partes da organização. Essa integração tecnológica é fundamental para criar um ambiente de produção inteligente, onde o uso de sistemas como ERP, MES (*Manufacturing Execution Systems* – sistemas de execução de manufatura) e IoT permite a coleta, análise e utilização de dados em tempo real para tomar decisões mais informadas e ágeis.

Nota: *MES é um sistema que monitora, controla e otimiza operações de manufatura em tempo real. Ele conecta o chão de fábrica aos sistemas de gestão, fornecendo dados detalhados sobre a produção, como desempenho das máquinas, qualidade e uso de materiais. O MES permite uma melhor tomada de decisões, aumentando a eficiência, reduzindo desperdícios e melhorando a qualidade e a produtividade geral da planta.*

Além disso, a integração dos processos produtivos promove uma cultura de colaboração entre equipes e departamentos, quebrando silos organizacionais que podem gerar ineficiências. Essa colaboração é essencial para o alinhamento de objetivos, a padronização de processos e a melhoria contínua, que são pilares da filosofia *Lean* e de outras abordagens de gestão da qualidade.

Outro aspecto crucial é a integração da cadeia de suprimentos, que envolve coordenar os fornecedores e parceiros logísticos com os processos internos de produção. Isso assegura que os materiais certos sejam entregues no momento certo, evitando excessos de estoque ou faltas que poderiam interromper a produção.

Em um cenário ideal de integração total, a empresa se torna capaz de responder rapidamente às mudanças do mercado, ajustar suas operações de acordo com a demanda e inovar continuamente, mantendo-se competitiva e relevante no longo prazo. A integração, portanto, não é apenas uma questão operacional, mas também estratégica, impactando diretamente a capacidade da organização de crescer e prosperar em um ambiente de negócios dinâmico.

INTEGRAÇÃO TOTAL: A EMPRESA SE TORNA CAPAZ DE RESPONDER RAPIDAMENTE ÀS MUDANÇAS DO MERCADO, AJUSTAR SUAS OPERAÇÕES DE ACORDO COM A DEMANDA E INOVAR CONTINUAMENTE.

A integração dos processos produtivos também abrange a integração vertical e horizontal dentro da organização. A integração vertical refere-se à coordenação entre os diferentes níveis hierárquicos da empresa, desde a gestão estratégica até a execução operacional. Isso garante que as decisões tomadas no topo da hierarquia sejam efetivamente implementadas nas operações diárias e que as informações dos níveis operacionais sejam comunicadas para a tomada de decisões estratégicas mais informadas.

A integração horizontal, por outro lado, envolve a coordenação entre as diferentes funções ou departamentos dentro de um mesmo nível organizacional, como produção, marketing, vendas e finanças. Por meio dessa integração, todas as áreas da empresa trabalham em conjunto para atingir objetivos comuns, o que pode melhorar significativamente a eficiência, reduzir custos e acelerar o tempo de resposta ao mercado.

Outro elemento importante é a integração com parceiros externos. Isso inclui a colaboração com fornecedores, distribuidores e até mesmo clientes, em um esforço para criar uma cadeia de valor estendida que seja eficiente e responsiva. A integração com fornecedores pode envolver acordos JIT para entrega de materiais, enquanto a integração com distribuidores e clientes pode incluir o compartilhamento de informações para melhorar a previsão de demanda e o planejamento de produção.

Além disso, a integração dos processos produtivos pode ser impulsionada pelo uso de metodologias ágeis e práticas de inovação aberta, que permitem que a empresa se adapte rapidamente a mudanças no mercado e incorpore novas ideias e tecnologias de forma contínua.

Por fim, a integração dos processos produtivos não é apenas um desafio técnico, mas também cultural. Ela exige que todos na organização estejam alinhados com a visão e os objetivos estratégicos da empresa, comprometidos com a melhoria contínua e dispostos a colaborar de maneira aberta e eficaz. Quando bem implementada, a integração dos processos produtivos pode resultar em vantagens competitivas significativas, incluindo maior agilidade, melhor qualidade, custos mais baixos e, em última análise, maior satisfação do cliente.

Em suma, a integração dos processos produtivos é uma abordagem multifacetada que envolve a coordenação eficiente de pessoas, tecnologias, sistemas e parceiros ao longo de toda a cadeia de valor. Ela é fundamental para aumentar a eficiência operacional, melhorar a qualidade dos produtos, reduzir custos e garantir que a empresa seja capaz de responder de maneira ágil às demandas do mercado.

Além de otimizar os fluxos de trabalho internos, a integração promove uma cultura organizacional de colaboração e inovação contínua, que é essencial para a sustentabilidade e crescimento a longo prazo. Quando implementada com sucesso, a integração dos processos produtivos se traduz em uma operação mais coesa e competitiva, com capacidade de entregar maior valor ao cliente e manter a empresa à frente em um ambiente de negócios dinâmico e desafiador.

Lean Thinking, integração dos processos produtivos, cadeia de suprimentos e processos produtivos são conceitos interligados que visam otimizar a produção. O *Lean Thinking* elimina desperdícios e promove a melhoria contínua, enquanto a integração dos processos produtivos garante que todas as etapas da produção funcionem de forma coesa. A gestão eficiente da cadeia de suprimentos assegura que materiais e informações fluam adequadamente, suportando processos produtivos ágeis e eficientes. Essa combinação garante que a produção seja não apenas eficiente, mas também ágil e capaz de se adaptar rapidamente às mudanças no mercado, reduzindo custos e melhorando a qualidade dos produtos. O resultado é uma operação produtiva otimizada, em que cada componente trabalha em sinergia para maximizar o valor entregue ao cliente, mantendo a competitividade e sustentabilidade da empresa no longo prazo.

3.4. ORGANIZANDO OS PROCESSOS ADMINISTRATIVO-FINANCEIROS

A organização dos processos administrativo-financeiros é essencial para garantir eficiência, transparência e controle dentro de uma empresa, permitindo uma gestão eficaz dos recursos e uma tomada de decisões informada. Para alcançar isso, é fundamental começar pelo mapeamento de todas as atividades relacionadas, como contas a pagar e a receber, gestão de fluxo de caixa, faturamento, contabilidade e controle orçamentário, criando fluxogramas que visualizem as interações e identificando possíveis gargalos.

A padronização é o próximo passo, com a criação de procedimentos operacionais padrão (POPs) que detalham as etapas de cada processo e manuais de políticas que estabelecem as regras financeiras e administrativas da empresa. A implementação de sistemas ERP e softwares de contabilidade automatiza e integra essas operações, melhorando a precisão dos dados e facilitando o acompanhamento em tempo real.

O controle e monitoramento contínuos são assegurados por meio de indicadores de desempenho (KPIs) e auditorias internas regulares, que verificam a conformidade com os procedimentos e identificam áreas de melhoria. A gestão eficaz do fluxo de caixa é garantida por um planejamento detalhado e conciliações bancárias regulares, enquanto o controle orçamentário envolve a elaboração de um orçamento anual e o monitoramento de seu desempenho em relação aos resultados reais.

A capacitação contínua da equipe, por meio de treinamentos e workshops, garante que todos estejam atualizados com as melhores práticas e normas contábeis. Além disso, a integração entre as áreas administrativa, financeira e demais departamentos, aliada a relatórios gerenciais claros e objetivos, facilita a comunicação e a tomada de decisões estratégicas. A gestão de riscos, com a identificação e mitigação de riscos financeiros e operacionais, fortalece a resiliência da empresa. A área administrativo-financeira de uma empresa abrange diversos processos fundamentais para garantir o bom funcionamento e a saúde financeira da organização, a seguir estão os principais processos dessa área, organizados por função.

- Contas a pagar: recebimento e conferência de faturas de fornecedores; planejamento dos pagamentos de acordo com os prazos estabelecidos e o fluxo de caixa; realização dos pagamentos via transferência bancária, cheque ou outros meios; conciliação bancária – verificação de que os pagamentos foram processados corretamente e estão refletidos nos extratos bancários; e manutenção de boas relações com fornecedores, negociando prazos e condições de pagamento.

- Contas a receber: emissão de notas fiscais e faturas para clientes após a entrega de produtos ou serviços; monitoramento de contas a receber e realização de cobranças em caso de atrasos; atualização dos sistemas com os valores recebidos dos clientes; verificação de que os pagamentos recebidos estão refletidos nos extratos bancários e registros contábeis; e acompanhamento de contas em atraso e tomada de medidas para recuperar valores devidos.

- Tesouraria: controle diário do fluxo de caixa, garantindo que a empresa tenha liquidez para cumprir com suas obrigações; aplicação de recursos financeiros em investimentos de curto, médio e longo prazo; interação com bancos para obter linhas de crédito, negociar tarifas e outras operações financeiras; e elaboração de previsões de entrada e saída de recursos financeiros.

- Contabilidade: registro de todas as operações financeiras da empresa, como receitas, despesas, investimentos etc.; realização do fechamento mensal, trimestral e anual das contas, garantindo a exatidão dos balanços; garantia de que a empresa cumpre todas as obrigações fiscais, incluindo o pagamento de impostos e a entrega de declarações; elaboração de demonstrações financeiras, como balanço patrimonial, demonstração de resultados, fluxo de caixa, entre outros; e preparação e acompanhamento de auditorias internas e externas, assegurando a transparência e a conformidade dos registros contábeis.

- Planejamento e controle financeiro: criação de orçamentos anuais, trimestrais e mensais, estabelecendo metas de receita e despesa; monitoramento contínuo do desempenho financeiro em relação ao orçamento, identificando desvios e propondo correções; identificação e controle de custos, buscando eficiência e redução de despesas; análise da viabilidade de novos projetos ou investimentos, utilizando métodos como o valor presente líquido (VPL) e a taxa interna de retorno (TIR); e criação de relatórios financeiros e operacionais para a alta administração, auxiliando na tomada de decisões.

- <u>Gestão de riscos e compliance:</u> mapeamento de riscos financeiros, operacionais e de mercado que possam impactar a empresa; desenvolvimento de políticas e procedimentos para mitigar riscos; verificação contínua da aderência às políticas internas e às regulamentações externas; e administração de apólices de seguro para proteger a empresa contra perdas financeiras.

- <u>Recursos humanos (RH) e folha de pagamento:</u> cálculo de salários, benefícios, encargos sociais e impostos; administração de benefícios, como plano de saúde, vales, seguros, entre outros; processos de atração e seleção de talentos para a empresa; planejamento e execução de programas de capacitação para colaboradores; e avaliação do desempenho dos colaboradores e planejamento de carreira.

Cada um desses processos pode ser otimizado e automatizado utilizando sistemas de gestão empresarial (ERP), melhorando a eficiência e a precisão das operações financeiras. Esses processos são fundamentais para a operação eficiente de qualquer empresa, garantindo a saúde financeira, a conformidade com regulamentações e o suporte às demais áreas operacionais.

Em resumo, uma organização estruturada dos processos administrativo-financeiros promove eficiência, conformidade e sustentabilidade, proporcionando uma base sólida para o crescimento e sucesso da empresa.

3.4.1. PROCESSOS ADMINISTRATIVOS

Os processos administrativos são essenciais para o funcionamento eficiente de qualquer organização, pois envolvem a gestão das atividades necessárias para planejar, organizar, dirigir e controlar os recursos empresariais. Esses processos garantem que a empresa atinja seus objetivos estratégicos de maneira estruturada e eficaz. O planejamento é o primeiro passo, sendo definidos os objetivos e elaboradas as estratégias para alcançá-los. Em seguida, a organização estrutura os recursos da empresa, definindo funções, responsabilidades e distribuindo os recursos necessários para a execução dos planos.

A direção foca na liderança e motivação das equipes para implementar os planos, assegurando que todos os funcionários estejam alinhados e comprometidos com os objetivos da empresa. O controle é responsável por monitorar e avaliar o desempenho, comparando os resultados com os padrões estabelecidos e implementando ações corretivas quando necessário. A comunicação permeia todos esses processos, garantindo que as informações fluam de maneira eficaz dentro e fora da organização, facilitando a coordenação e a cooperação entre diferentes departamentos.

A gestão de recursos é outro processo crucial, que envolve a administração dos recursos humanos, materiais, tecnológicos e financeiros, assegurando que a empresa tenha os meios necessários para operar de forma eficiente. As áreas administrativas de uma organização englobam setores essenciais para o suporte e a gestão eficiente das atividades empresariais. Entre elas, destacam-se recursos humanos, que gerencia o capital humano; marketing, responsável pela promoção e venda de produtos; TI, que mantém a infraestrutura tecnológica; administrativo geral, que oferece suporte logístico e de serviços; jurídico, que lida com as questões legais; e planejamento estratégico, que define e implementa os objetivos de longo prazo. Juntas, essas áreas garantem o funcionamento coeso e alinhado da organização, promovendo sua eficiência e competitividade.

A tomada de decisão é o processo de escolher as melhores alternativas para implementar os planos, influenciando diretamente a eficácia das ações empresariais. Por fim, a inovação e melhoria contínua garantem que a empresa se mantenha competitiva, buscando constantemente novas formas de melhorar seus processos, produtos e serviços. Esses processos administrativos formam a base da organização, permitindo que todas as atividades empresariais sejam realizadas de maneira coordenada e eficaz, contribuindo para o sucesso e a sustentabilidade do negócio a longo prazo.

Os processos administrativos e financeiros são essenciais para o funcionamento eficiente de uma organização. Os processos administrativos envolvem a gestão de recursos, planejamento, organização e controle das atividades operacionais da empresa, garantindo que todos os setores funcionem de maneira coesa e alinhada aos objetivos estratégicos. Os processos financeiros lidam com a gestão de recursos monetários, incluindo orçamento, contabilidade, controle de custos e fluxo de caixa, assegurando a saúde financeira e a sustentabilidade da organização. Juntos, esses processos sustentam a estrutura organizacional e viabilizam a tomada de decisões informadas.

3.4.2. PROCESSOS FINANCEIROS

Os processos financeiros são fundamentais para a gestão eficaz das finanças de uma organização, assegurando sua saúde financeira, conformidade legal e capacidade de tomar decisões estratégicas informadas. Eles abrangem diversas atividades essenciais, como o planejamento financeiro, que projeta receitas, despesas e necessidades de financiamento, garantindo que a empresa tenha uma visão clara de suas finanças futuras. A gestão do fluxo de caixa é vital para controlar as entradas e saídas de dinheiro, assegurando a liquidez necessária para o cumprimento das obrigações financeiras.

As contas a pagar e contas a receber gerenciam, respectivamente, o pagamento de obrigações e a cobrança de clientes, garantindo que as transações financeiras sejam realizadas pontualmente, evitando problemas de liquidez e mantendo relações saudáveis com fornecedores e clientes. O controle orçamentário monitora receitas e despesas reais em comparação com o orçamento planejado, permitindo a identificação de desvios e a implementação de ações corretivas.

A contabilidade e a elaboração de demonstrações financeiras fornecem uma visão clara da situação financeira da empresa, essencial para a tomada de decisões e comunicação com stakeholders. A gestão de investimentos e a gestão de dívidas e financiamentos garantem que os recursos financeiros sejam alocados de forma eficiente, maximizando retornos e mantendo uma estrutura de capital equilibrada.

> EXPERIÊNCIA Case – EMPRESA O (EXCESSO DE REUNIÕES): certo dia, em uma grande empresa, fui verificar minha agenda e me deparei com todas as horas alocadas para reuniões. Analisei e iniciei um processo de rever a comunicação da empresa, as decisões estavam sendo tomadas somente em reuniões formais, quando poderiam ser agilizadas sem formalização de um momento específico. Nessa empresa, todas as reuniões eram em salas confortáveis e sempre com cafés servidos pela copeira. Decidi retirar o café e retirar as cadeiras; somente com essa ação, as reuniões (quando tinha) não duravam 15 minutos. A empresa se transformou em termos de comunicação e decisões.

A análise de custos identifica oportunidades de redução de despesas, enquanto a auditoria interna assegura a precisão e conformidade dos processos financeiros. Finalmente, a gestão de riscos financeiros protege a empresa contra potenciais perdas, contribuindo para sua estabilidade a longo prazo. Em conjunto, esses processos financeiros formam a base da gestão econômica da empresa, garantindo que todas as atividades financeiras sejam executadas de maneira eficiente e alinhadas com os objetivos estratégicos da organização.

Os processos financeiros e finanças corporativas são interdependentes na gestão eficaz dos recursos de uma empresa. Os processos financeiros envolvem a gestão operacional diária, como controle de fluxo de caixa, elaboração de demonstração do resultado do exercício (DRE) e balanço patrimonial, garantindo a liquidez e o cumprimento das obrigações. As finanças corporativas, por sua vez, focam em decisões estratégicas que visam maximizar o valor da empresa, incluindo investimentos, financiamento e distribuição de recursos. Juntos, esses elementos asseguram a saúde financeira e a sustentabilidade da empresa a longo prazo.

OS PROCESSOS FINANCEIROS E FINANÇAS CORPORATIVAS SÃO INTERDEPENDENTES NA GESTÃO EFICAZ DOS RECURSOS DE UMA EMPRESA.

As finanças corporativas envolvem a gestão dos recursos financeiros de uma empresa, focando em maximizar seu valor e garantir a sustentabilidade a longo prazo. Isso inclui decisões sobre investimentos, financiamento, gestão de capital de giro e distribuição de dividendos. Indicadores-chave utilizados em finanças corporativas para avaliar a saúde financeira e o desempenho da empresa incluem retorno sobre investimento (*Return on Investment* – ROI), retorno sobre o patrimônio líquido (*Return on Equity* – ROE), lucros antes de juros, impostos, depreciação e amortização (*Earnings Before Interest, Taxes, Depreciation and Amortization* – EBITDA), margem de lucro, fluxo de caixa e índice de endividamento. Esses indicadores ajudam a orientar as decisões estratégicas, garantindo que a empresa opere de maneira eficiente e mantenha sua competitividade no mercado.

A integração entre o fluxo de caixa, a DRE e o balanço patrimonial são essenciais para fornecer uma visão completa e precisa da saúde financeira de uma empresa. O fluxo de caixa monitora as entradas e saídas de dinheiro, mostrando a liquidez e a capacidade de cumprir obrigações financeiras a curto prazo. A DRE apresenta o desempenho financeiro ao detalhar receitas, custos e o resultado líquido, refletindo a rentabilidade operacional em um período específico. O balanço patrimonial fornece um retrato da posição financeira da empresa, listando ativos, passivos e patrimônio líquido em uma data específica.

- Fluxo de caixa: monitora as entradas e saídas de dinheiro ao longo do tempo, permitindo que a empresa gerencie sua liquidez e planeje suas necessidades financeiras futuras.

- DRE: apresenta o desempenho financeiro da empresa em um período específico, detalhando receitas, custos, despesas e o lucro ou prejuízo resultante. É essencial para entender a rentabilidade operacional e a eficiência da empresa.

- Balanço patrimonial: oferece uma visão instantânea da posição financeira da empresa, listando ativos, passivos e o patrimônio líquido. Ele permite avaliar a solvência da empresa e sua capacidade de cumprir obrigações financeiras.

Quando integrados, esses três relatórios permitem uma análise profunda da capacidade da empresa de gerar lucros, gerenciar recursos e manter sua estabilidade financeira.

O processo financeiro envolve a gestão diária das finanças da empresa, como controle de fluxo de caixa, custos e investimentos. Para auxiliar nesse processo, a controladoria é uma boa estratégia de controle de resultados, pois foca no controle gerencial, fornecendo análises e relatórios para apoiar decisões estratégicas. Ambos são essenciais para garantir eficiência, transparência e a saúde financeira da organização.

> Nota: *A controladoria é uma área da gestão empresarial responsável por fornecer informações e análises financeiras para apoiar a tomada de decisões estratégicas. Ela envolve a criação de relatórios gerenciais, planejamento financeiro, controle de custos e orçamentos, além de garantir a conformidade com normas contábeis e a eficácia dos controles internos.*

> *O principal objetivo da controladoria é assegurar a eficiência e a transparência dos processos financeiros, ajudando a empresa a alcançar seus objetivos de forma sustentável e lucrativa.*

O processo financeiro e o processo de gestão fiscal são componentes essenciais para a saúde financeira de uma empresa. O processo financeiro abrange a gestão de fluxos de caixa, orçamentos e relatórios financeiros, garantindo a liquidez, rentabilidade e a sustentabilidade econômica. Já o processo de gestão fiscal envolve o cumprimento das obrigações tributárias, o planejamento fiscal e a conformidade com as leis fiscais, visando otimizar a carga tributária e evitar penalidades. A integração eficiente desses processos assegura que a empresa não só opere de forma lucrativa, mas também em conformidade com a legislação, minimizando riscos fiscais e melhorando a tomada de decisões estratégicas.

3.4.3. PROCESSO DE GESTÃO FISCAL

Apesar de todos esses processos serem fundamentais para a área administrativa-financeira, há um ponto muito importante no qual as empresas em geral não colocam o esforço necessário, a gestão fiscal. No Brasil, as condições de taxas e impostos podem determinar o crescimento ou até a queda de uma empresa. A gestão fiscal é um componente essencial da administração financeira de qualquer organização.

NO BRASIL, AS CONDIÇÕES DE TAXAS E IMPOSTOS PODEM DETERMINAR O CRESCIMENTO OU ATÉ A QUEDA DE UMA EMPRESA. A GESTÃO FISCAL É UM COMPONENTE ESSENCIAL DA ADMINISTRAÇÃO FINANCEIRA DE QUALQUER ORGANIZAÇÃO.

A gestão fiscal envolve a administração das obrigações fiscais de uma empresa, garantindo conformidade com as legislações tributárias e otimizando o pagamento de tributos para maximizar a eficiência financeira. A seguir estão os principais aspectos e processos relacionados à gestão fiscal.

- Planejamento tributário: reduzir a carga tributária dentro dos limites da lei, aproveitando benefícios fiscais, incentivos e regimes de tributação mais favoráveis. Seleção do regime de tributação mais adequado (Lucro Real, Lucro Presumido, Simples Nacional) com base nas características e projeções da empresa e identificação e utilização de incentivos fiscais, como deduções, isenções e créditos de impostos e a reestruturação de operações ou entidades para otimizar a carga tributária, são boas estratégias para esse planejamento.

- Apuração de tributos: cálculo e recolhimento de impostos sobre o lucro, como o imposto de renda da pessoa jurídica (IRPJ) e a contribuição social sobre o lucro líquido (CSLL); apuração e recolhimento de impostos sobre a produção e comercialização, como Imposto sobre Circulação de Mercadorias e Serviços (ICMS), Imposto sobre Serviços de Qualquer Natureza (ISS), Imposto sobre Produtos Industrializados (IPI), Programa de Integração Social (PIS) e Contribuição para o Financiamento da Seguridade Social (COFINS); cálculo e recolhimento de tributos retidos na fonte, como Imposto de Renda Retido na Fonte (IRRF), Instituto Nacional do Seguro Social (INSS) e contribuições para terceiros; e apuração de encargos sociais, como Fundo de Garantia do Tempo de Serviço (FGTS) e contribuições previdenciárias.

- Conformidade e obrigações acessórias: preparação e envio de declarações fiscais periódicas exigidas pelas autoridades tributárias, como a Declaração de Imposto de Renda de Pessoa Jurídica (DIPJ), Sistema Público de Escrituração Digital (SPED) fiscal, SPED contribuições, Declaração de Débitos e Créditos Tributários Federais (DCTF), Escrituração Fiscal

Digital de Retenções e Outras Informações Fiscais (EFD-REINF), entre outras; emissão e controle de notas fiscais eletrônicas, garantindo que todas as transações estejam devidamente documentadas e registradas; e manutenção de registros precisos e detalhados das operações financeiras e fiscais da empresa, conforme as normas contábeis e fiscais vigentes.

- <u>Gestão de obrigações fiscais:</u> manutenção de um calendário fiscal que assegure o cumprimento de prazos para pagamento de impostos e envio de declarações; revisão periódica das apurações fiscais e controles internos para garantir a precisão das informações fiscais e prevenir erros que possam resultar em autuações; e coordenação dos pagamentos de tributos, incluindo a utilização de créditos fiscais e parcelamentos de débitos.

- <u>Gestão de riscos fiscais:</u> avaliação de riscos relacionados à legislação tributária, incluindo mudanças nas leis, interpretações fiscais e possíveis contenciosos; consulta com especialistas fiscais para se manter atualizado sobre mudanças na legislação tributária e suas implicações para a empresa; e implementação de estratégias para minimizar disputas com as autoridades fiscais, incluindo a revisão e documentação detalhada das práticas fiscais.

- <u>Auditoria e compliance fiscal:</u> realização de auditorias fiscais internas para garantir a conformidade com as políticas fiscais e identificar áreas para melhorias; adoção de práticas e controles que assegurem o cumprimento rigoroso das obrigações fiscais, evitando penalidades e multas; e, caso a empresa enfrente disputas fiscais, é essencial gerir o contencioso com as autoridades, preparando defesa adequada e buscando soluções judiciais ou administrativas.

- <u>Recuperação de créditos fiscais:</u> identificação de créditos fiscais acumulados, como

- ICMS, PIS e COFINS, que podem ser utilizados para compensar débitos futuros ou serem restituídos; realização de processos de compensação e solicitação de restituição de créditos fiscais às autoridades competentes; e revisão de períodos anteriores para identificar possíveis créditos fiscais não aproveitados.

- <u>Gestão de contencioso fiscal:</u> preparação de defesas em caso de autuações fiscais, tanto na esfera administrativa quanto judicial e o monitoramento contínuo de processos fiscais, desde a defesa inicial até a eventual decisão final, buscando sempre minimizar impactos negativos para a empresa.

- <u>Treinamento e capacitação:</u> treinamento contínuo da equipe fiscal sobre mudanças na legislação tributária e novas práticas de gestão fiscal e a formação para utilização de softwares de gestão fiscal e sistemas de ERP para automação e melhoria dos processos fiscais.

Uma boa gestão fiscal minimiza riscos, evita multas e penalidades e pode até melhorar a lucratividade da empresa por meio de um planejamento tributário estratégico. Além disso, a gestão fiscal eficaz permite que a empresa não apenas cumpra suas obrigações legais, mas também maximize a eficiência financeira ao gerenciar de forma proativa sua carga tributária. Assim, é importante a empresa ter um planejamento tributário estratégico.

O processo de gestão fiscal e o processo de planejamento tributário são interligados e fundamentais para a saúde financeira de uma empresa. O processo de gestão fiscal envolve o cumprimento de todas as obrigações fiscais, garantindo que a empresa esteja em conformidade com as legislações tributárias, evitando multas e penalidades. O processo de planejamento tributário, por sua vez, busca otimizar a carga tributária por meio de estratégias legais que aproveitam incentivos fiscais, deduções e isenções, reduzindo o impacto dos tributos sobre o negócio. Quando bem integrados, esses processos asseguram uma gestão fiscal eficiente, que maximiza os recursos da empresa e minimiza os riscos fiscais, contribuindo para a sustentabilidade e o crescimento da organização.

3.4.4. PROCESSO DE PLANEJAMENTO TRIBUTÁRIO

O planejamento tributário é uma prática essencial para a otimização da carga tributária de uma empresa, dentro dos limites legais. Ele visa não apenas reduzir a quantidade de impostos pagos, mas também alinhar as estratégias fiscais com os objetivos de negócios da empresa, garantindo conformidade e eficiência. Os principais aspectos para implementar um planejamento tributário estratégico são os seguintes.

- Levantamento de dados: coleta detalhada das informações fiscais da empresa, como regime de tributação atual, tipos de tributos pagos, histórico de recolhimentos e créditos fiscais disponíveis e identificação das obrigações fiscais e acessórias, prazos de pagamento e possíveis áreas de risco ou não conformidade.

- Mapeamento e escolha do regime tributário correto:
  - Simples Nacional – destinado a pequenas e médias empresas, com um regime simplificado de apuração e recolhimento de tributos, agrupando vários impostos em uma única guia;
  - Lucro Real – adequado para empresas com margens de lucro baixas ou prejuízos acumulados, onde os impostos são calculados sobre o lucro real obtido;
  - Lucro Presumido – baseia-se em uma presunção de lucro, sendo vantajoso para empresas com margens de lucro mais elevadas ou onde a presunção é mais favorável do que o lucro real.

- <u>Aproveitamento de benefícios e incentivos fiscais:</u> exploração de benefícios oferecidos por governos estaduais ou municipais, como reduções ou isenções de ICMS, ISS, entre outros; identificação de benefícios fiscais específicos para determinados setores da economia, como a lei do bem para inovação tecnológica ou o Programa de Apoio ao Desenvolvimento Tecnológico da Indústria de Semicondutores (PADIS); e consideração de operações em zonas francas, como a Zona Franca de Manaus, onde existem isenções e reduções fiscais.

- <u>Estratégias de reorganização corporativa:</u> avaliação da possibilidade de reorganização das atividades entre diferentes empresas do grupo ou até a criação de novas entidades, para otimizar a carga tributária; criação de *holdings* para gerenciamento de bens e ativos, com o objetivo de reduzir a carga tributária sobre operações de dividendos, sucessão e venda de ativos; e estruturação de operações entre empresas do mesmo grupo (*intercompany*) de forma a aproveitar regimes tributários mais favoráveis.

- <u>Gestão de créditos fiscais:</u> busca ativa por créditos fiscais gerados em operações passadas, como PIS, COFINS, ICMS e IPI, que possam ser utilizados para compensar tributos futuros; estruturação de um plano para utilizar esses créditos de forma eficiente, reduzindo o montante de tributos a pagar; e adoção de medidas para recuperar tributos pagos indevidamente ou a maior, por meio de processos administrativos ou judiciais.

- <u>Planejamento de fluxo de caixa tributário:</u> planejamento dos prazos de pagamento de tributos para alinhar com o fluxo de caixa da empresa, evitando aperto financeiro em períodos de baixa receita; negociação de parcelamentos para tributos em atraso, aproveitando oportunidades de programas de regularização fiscal, como Programa de Recuperação Fiscal (REFIS); e criação de provisões para tributos futuros, especialmente aqueles relacionados a possíveis contenciosos fiscais.

- Compliance e gestão de riscos fiscais: manter-se atualizado sobre mudanças na legislação tributária e seus impactos, adaptando rapidamente as estratégias fiscais da empresa; realização de auditorias fiscais periódicas para garantir que as práticas adotadas estão em conformidade com as leis e regulamentos vigentes; e revisão constante das práticas fiscais para minimizar o risco de autuações e multas por parte das autoridades fiscais.

- Treinamento e capacitação da equipe fiscal: investimento em treinamentos e atualizações constantes para a equipe responsável pela gestão fiscal, garantindo que estejam bem-informados sobre novas práticas, regulamentações e tecnologias; e implementação de sistemas de ERP e soluções de automação fiscal que facilitem o cumprimento das obrigações fiscais e a gestão dos dados tributários.

- Planejamento sucessório: estruturar a sucessão de patrimônio e empresas, utilizando ferramentas como doações em vida, criação de *holdings* e planejamento de herança para minimizar o impacto tributário na transmissão de bens.

- Avaliação e ajustes contínuos: avaliação regular do planejamento tributário para garantir que ele continue alinhado com os objetivos estratégicos da empresa e com as mudanças no cenário econômico e legislativo; e realização de ajustes conforme necessário, para garantir que a empresa continue a se beneficiar das melhores práticas fiscais.

Essa abordagem não só ajuda a reduzir a carga tributária, mas também contribui para a sustentabilidade e o crescimento da empresa a longo prazo. O planejamento tributário estratégico deve ser dinâmico e adaptável, acompanhando as mudanças na legislação e nas operações da empresa. Não adianta controlarmos todas os resultados da empresa se não temos um controle tributário efetivo, pois é nesse ponto que pode acontecer o grande escape financeiro da empresa ou a oportunidade de ganhos reais.

Os processos administrativos, processos financeiros, gestão fiscal e planejamento tributário são essenciais para a operação eficiente e a sustentabilidade de uma empresa. Os processos administrativos garantem a organização e controle das atividades operacionais, enquanto processos financeiros gerenciam o fluxo de caixa, orçamento e relatórios financeiros. A gestão fiscal assegura o cumprimento das obrigações tributárias e a conformidade legal e o planejamento tributário busca otimizar a carga tributária de forma legal. Integrados, esses processos permitem uma administração eficaz, que maximiza recursos, minimiza riscos e contribui para o crescimento sustentável da empresa.

4

CONTROLANDO OS RESULTADOS

Os controles referem-se aos mecanismos e procedimentos que a empresa colocar em prática para monitorar o desempenho, garantir a conformidade com normas e regulamentos e evitar erros ou fraudes. Os controles são essenciais para manter a organização no rumo certo e para assegurar que os objetivos sejam atingidos de forma consistente e sustentável. Implemente controles que monitorem o progresso e garantam que as ações estejam alinhadas com os objetivos estratégicos. Esses controles ajudam a corrigir desvios e a manter o foco.

A frase "quem não controla não gerencia" destaca uma verdade fundamental na gestão: o controle é uma parte essencial do processo de gerenciamento. Sem mecanismos de controle eficazes, é impossível garantir que ações, recursos e esforços estejam alinhados com os objetivos da organização.

A FRASE "QUEM NÃO CONTROLA NÃO GERENCIA" DESTACA UMA VERDADE FUNDAMENTAL NA GESTÃO: O CONTROLE É UMA PARTE ESSENCIAL DO PROCESSO DE GERENCIAMENTO.

O controle permite que a gestão acompanhe o progresso em relação aos objetivos estabelecidos. Sem controle, não há como saber se as atividades estão levando aos resultados esperados. Por meio de controles eficazes, a gestão pode identificar rapidamente desvios em relação ao plano e tomar medidas corretivas antes que os problemas se agravem.

Controlar o uso de recursos (tempo, dinheiro, materiais etc.) assegura que eles sejam utilizados de forma eficiente e que o desperdício seja minimizado. Os controles também ajudam a identificar áreas em que os processos podem ser melhorados, otimizando a operação e reduzindo custos.

O controle é fundamental para garantir que a organização esteja em conformidade com leis, regulamentos e políticas internas. Isso protege a empresa de penalidades legais e danos à reputação. Sem controle, os riscos podem passar despercebidos. Controles eficazes ajudam a identificar, avaliar e mitigar riscos que possam impactar negativamente a organização.

Com controles eficazes, é mais fácil atribuir responsabilidade pelos resultados, tanto positivos quanto negativos. Isso promove dentro da organização uma cultura de *accountability* (responsabilidade individual e coletiva, transparência e prestação de contas, incentivando melhorias contínuas e reconhecimento justo no ambiente organizacional). Controles promovem a transparência, pois fornecem uma visão clara de como as operações estão sendo conduzidas, o que é fundamental para a confiança entre todos os stakeholders (partes interessadas que podem impactar ou ser impactadas por um projeto ou negócio, como clientes e colaboradores).

O controle permite que a gestão verifique se o planejamento estratégico está sendo seguido e faça ajustes conforme necessário para garantir o alcance dos objetivos. Com controle, a gestão pode prever com maior precisão os resultados futuros e planejar de acordo, o que é crucial para a sustentabilidade a longo prazo.

O controle não é apenas uma função adicional da gestão; ele é central para a capacidade de gerenciar de maneira eficaz. Sem controle, a gestão se torna reativa, dependendo da sorte ou de intervenções de última hora para alcançar os objetivos, em vez de ser proativa e estratégica. O controle é o que transforma o planejamento em realidade, garantindo que as ações levem aos resultados desejados.

O controle propriamente em sua essência e o controle dos resultados empresariais são práticas essenciais para monitorar e avaliar o desempenho de uma empresa. O controle envolve o acompanhamento contínuo de operações e processos para garantir que estejam alinhados com os objetivos estabelecidos. Já o controle dos resultados empresariais foca na análise dos resultados financeiros e operacionais, comparando-os com as metas planejadas para identificar desvios e tomar ações corretivas. Integrados, esses controles asseguram que a empresa mantenha sua eficiência, alcance seus objetivos estratégicos e faça ajustes necessários para garantir o sucesso a longo prazo.

O controle dos resultados empresariais é um processo crucial que envolve medição, monitoramento e avaliação do desempenho da organização em relação aos seus objetivos estratégicos e operacionais. Esse controle permite que a empresa acompanhe seu progresso, identifique desvios e tome medidas corretivas para garantir que os resultados desejados sejam alcançados de maneira eficaz.

O primeiro passo para o controle eficaz dos resultados é a definição clara das metas empresariais e a escolha de KPIs que permitam medir o progresso em direção a essas metas. Metas claras e KPIs bem definidos fornecem um referencial objetivo para avaliar o desempenho da empresa em diversas áreas, como finanças, operações, vendas e recursos humanos. Envolve o acompanhamento regular dos KPIs e outros indicadores de desempenho para garantir que a empresa esteja no caminho certo para atingir suas metas.

O monitoramento contínuo permite a identificação rápida de problemas ou desvios, possibilitando a tomada de ações corretivas antes que os problemas se tornem críticos. Consiste, ainda, na análise dos dados coletados para avaliar o desempenho real da empresa em comparação com os objetivos planejados. Essa análise pode ser realizada mensalmente, trimestralmente ou anualmente, dependendo da natureza dos negócios. Esse monitoramento ajuda também a identificar as causas dos desvios, compreender as tendências de desempenho e avaliar a eficácia das estratégias implementadas.

Com base nas análises de desempenho e nos relatórios gerenciais, a empresa pode precisar revisar e ajustar suas estratégias para se adaptar a novas condições de mercado, mudanças internas ou externas ou novos objetivos. A revisão regular das estratégias assegura que a empresa permaneça competitiva e capaz de atingir seus objetivos em um ambiente de negócios em constante mudança.

Incorporar o feedback dos resultados em processos futuros é vital para a melhoria contínua. Isso inclui aprender com os erros e sucessos para refinar processos e estratégias. O aprendizado contínuo fortalece a capacidade da empresa de melhorar seu desempenho ao longo do tempo, promovendo uma cultura de melhoria contínua.

O controle dos resultados empresariais é um processo contínuo e dinâmico que garante que a empresa esteja sempre alinhada com seus objetivos estratégicos e operacionais. Por meio do estabelecimento de metas claras, monitoramento constante, análise detalhada e ações corretivas oportunas, a empresa pode maximizar sua eficiência e eficácia, garantindo que os resultados desejados sejam alcançados e superados. Esse controle é essencial para o sucesso e a sustentabilidade da empresa a longo prazo, permitindo que ela se adapte rapidamente às mudanças e continue crescendo em um ambiente competitivo.

Portanto, os controles dos resultados empresariais e o diagnóstico empresarial são ferramentas essenciais para a gestão eficaz de uma empresa. O controle dos resultados empresariais envolve o monitoramento contínuo do desempenho da empresa em relação às metas estabelecidas, permitindo identificar desvios e implementar correções. O diagnóstico empresarial é a análise abrangente de todos os aspectos da organização, desde processos até finanças, para identificar pontos fortes, fraquezas e oportunidades de melhoria. Juntos, esses processos garantem uma visão clara da saúde organizacional e facilitam a tomada de decisões estratégicas para melhorar o desempenho e alcançar os objetivos da empresa.

4.1. DIAGNÓSTICO EMPRESARIAL

Um diagnóstico empresarial é uma análise abrangente que visa identificar os pontos fortes, fraquezas, oportunidades e ameaças de uma empresa, permitindo uma compreensão clara da sua situação atual. Ele envolve a avaliação do ambiente externo, como fatores econômicos e setoriais que influenciam o negócio, além da análise interna, em que são examinados a estrutura organizacional, os recursos humanos, os processos operacionais, a saúde financeira, as estratégias de marketing e vendas, bem como a capacidade de inovação tecnológica.

A partir dessa análise, uma matriz SWOT (*Strengths, Weaknesses, Opportunities and Threats*) é construída, destacando as forças que devem ser exploradas, as fraquezas que precisam ser corrigidas, as oportunidades a serem aproveitadas e as ameaças que devem ser mitigadas. Com base nos insights obtidos, são formuladas recomendações estratégicas e um plano de ação detalhado, visando à implementação eficaz das melhorias sugeridas.

> "FOQUE NA SOLUÇÃO E NÃO NO PROBLEMA" – NÃO É BEM ASSIM! UM BOM ESTUDO DO PROBLEMA REVELA SUA SOLUÇÃO ORGANICAMENTE. E MAIS, VOCÊ RESOLVE O PROBLEMA NA CAUSA E NÃO SOMENTE SUPERFICIALMENTE, NO EFEITO.

> EXPERIÊNCIA Case – EMPRESA P (RESOLVENDO PROBLEMA NA CAUSA): em uma grande empresa, que realizava um trabalho de distribuição logística, eu e a minha equipe éramos medidos por reclamações por entrega. Em certo momento na rede de uma matriz e seis filiais, éramos a unidade da empresa que estava sempre em terceiro em qualidade e não saíamos dessa condição. Fizemos diversas melhorias na operação e nada! Resolvemos nos aliar à central de reclamações, fizemos uma parceria e resolvemos cada problema um a um, em sua causa. Assumimos rapidamente o primeiro lugar e nunca mais saímos dessa condição.

O sucesso do diagnóstico é garantido pelo monitoramento contínuo, utilizando indicadores de desempenho para ajustar as ações conforme necessário, assegurando que a empresa esteja no caminho certo para alcançar seus objetivos. Para realizar um diagnóstico empresarial eficaz, siga os passos a seguir.

- Determine o que você deseja alcançar com o diagnóstico. Pode ser identificar problemas específicos, avaliar a saúde geral da empresa ou desenvolver um plano estratégico.

- Reúna dados financeiros, relatórios de vendas, manuais de operações, organogramas e outros documentos relevantes. Converse com líderes, funcionários e, se necessário, clientes e fornecedores para obter uma visão completa das operações e percepções sobre a empresa. Visite as instalações da empresa para observar os processos em ação.

- Estude o ambiente macroeconômico considerando fatores políticos, econômicos, sociais, tecnológicos, ecológicos e legais que afetam a empresa. Avalie o mercado em que a empresa atua, incluindo concorrência, tendências e posicionamento de mercado. Identifique fatores externos que podem representar oportunidades ou ameaças ao negócio.

- Avalie os recursos financeiros, humanos e tecnológicos da empresa. Analise a eficiência dos processos produtivos, logísticos e administrativos. Examine indicadores financeiros, como lucratividade, liquidez, endividamento e fluxo de caixa. Avalie o clima organizacional, a motivação dos funcionários e a eficácia da liderança. Revise as estratégias de marketing e vendas, incluindo o mix de produtos, preços, canais de distribuição e comunicação.

- Conecte os dados coletados e a análise SWOT para identificar os principais problemas e oportunidades que a empresa enfrenta.

- Com base nas análises, desenvolva soluções para os problemas identificados e estratégias para aproveitar as oportunidades. Classifique as recomendações por ordem de importância e impacto.

- Especifique as ações que devem ser tomadas, os responsáveis, os prazos e os recursos necessários. Estabeleça metas claras e KPIs para medir o progresso.

- Apresente o plano de ação aos stakeholders da empresa e garanta que todos entendam suas responsabilidades. Coloque o plano em prática, monitorando constantemente o progresso.

- Acompanhe os resultados por meio dos KPIs estabelecidos, ajustando as ações conforme necessário para alcançar os objetivos. Colete feedback dos envolvidos e faça ajustes para melhorar continuamente o desempenho da empresa.

Seguindo esses passos, você será capaz de realizar um diagnóstico empresarial completo, que não só identificará problemas e oportunidades, mas também fornecerá um plano estratégico para melhorar o desempenho e alcançar os objetivos da empresa.

Diagnóstico empresarial e auditoria empresarial são ferramentas essenciais para avaliar a saúde e a eficiência de uma organização. O diagnóstico empresarial envolve uma análise abrangente de processos, finanças e operações para identificar pontos fortes, fraquezas e oportunidades de melhoria. A auditoria empresarial é um processo sistemático e independente que verifica a conformidade, a eficácia dos controles internos e a precisão das informações financeiras. Unidos, esses processos fornecem uma visão completa da organização, permitindo a identificação de riscos e a implementação de melhorias estratégicas para garantir o sucesso e a sustentabilidade da empresa.

4.2. AUDITORIA EMPRESARIAL

A auditoria empresarial é um processo sistemático e independente de avaliação das atividades, operações e controles internos de uma organização. Seu objetivo é verificar a conformidade com normas e regulamentos aplicáveis, avaliar a eficácia dos processos e identificar riscos ou áreas de melhoria. As auditorias podem ser internas ou externas e seus resultados são essenciais para assegurar a transparência, a confiabilidade das informações financeiras e operacionais e a integridade das práticas de gestão. A auditoria contribui para a tomada de decisões informadas, a mitigação de riscos e o fortalecimento da governança corporativa.

As auditorias empresariais englobam diversos tipos, cada um com objetivos específicos para garantir a eficiência e conformidade da organização. Auditorias internas avaliam controles e processos internos para promover melhorias contínuas, enquanto auditorias externas são conduzidas por entidades independentes para verificar a precisão das demonstrações financeiras. Auditorias financeiras focam na revisão dos registros contábeis e auditorias operacionais analisam a eficácia das operações.

Ademais, existem outros tipos de auditorias; auditorias de conformidade garantem a adesão às leis e normas, já auditorias fiscais revisam obrigações tributárias. Auditorias de TI asseguram a integridade dos sistemas de informação, enquanto auditorias ambientais e de recursos humanos avaliam práticas sustentáveis e de gestão de pessoas. Auditorias de *due diligence* são essenciais em fusões e aquisições e auditorias de gestão de riscos examinam a eficácia na mitigação de riscos. Esses variados tipos de auditorias são fundamentais para identificar riscos, otimizar processos e assegurar que a empresa opere de maneira responsável e estratégica.

> Nota: *As auditorias de* due diligence *são investigações detalhadas realizadas antes de fusões, aquisições ou investimentos, avaliando aspectos financeiros, legais, fiscais, operacionais, ambientais e de recursos humanos. O objetivo é identificar riscos e oportunidades para apoiar decisões informadas e minimizar surpresas durante a transação.*

As auditorias empresariais vão além da simples verificação de conformidade; elas são uma ferramenta estratégica para a melhoria contínua e para a criação de valor dentro de uma organização. Ao analisarem profundamente as operações, finanças e governança, as auditorias identificam não apenas áreas de risco, mas também oportunidades para otimização e inovação. As auditorias empresariais envolvem diversas variáveis que influenciam a condução, o foco e os resultados do processo de auditoria. Algumas das principais variáveis são as seguintes.

- Escopo da auditoria: define o que será auditado, incluindo áreas, departamentos, processos ou atividades específicas. O escopo determina a profundidade e o foco da auditoria.

- Objetivos da auditoria: estabelecem o propósito da auditoria, como verificar a conformidade, avaliar a eficiência operacional, ou examinar a precisão das demonstrações financeiras.

- Metodologia de auditoria: refere-se às técnicas e abordagens utilizadas para coletar e analisar dados, como amostragem, entrevistas, observações e revisão documental.

- Normas e regulamentações: incluem leis, regulamentos e normas contábeis ou de conformidade que a auditoria deve seguir, como *International Financial Reporting Standards* (IFRS), *Generally Accepted Accounting Principles* (GAAP), *Sarbanes-Oxley Act* (SOX) ou regulamentações fiscais.

- Equipe de auditoria: composta de auditores internos ou externos, cuja qualificação, experiência e independência influenciam diretamente a qualidade da auditoria.

- Materialidade: refere-se ao grau de impacto que uma informação ou erro pode ter sobre as demonstrações financeiras ou sobre os resultados da auditoria. A materialidade ajuda a determinar o foco e a relevância dos achados.

- Riscos identificados: são os potenciais problemas ou áreas de preocupação que a auditoria pretende examinar, como fraudes, erros contábeis ou falhas de conformidade.

- Documentação e evidências: incluem todos os registros, documentos e outros tipos de evidências que suportam os achados da auditoria. A qualidade e disponibilidade dessas evidências são cruciais para a validade da auditoria.

- Tempo e recursos disponíveis: o tempo alocado e os recursos disponíveis, como pessoal e tecnologia, influenciam a abrangência e profundidade da auditoria.

- Comunicação com a gestão: refere-se ao nível de interação e feedback entre os auditores e a alta administração durante o processo de auditoria. Boa comunicação pode facilitar a identificação de problemas e a implementação de soluções.

- Relatório de auditoria: o formato e o conteúdo do relatório final, que devem ser claros, concisos e fornecem recomendações práticas para melhorar os controles e processos auditados.

- Frequência da auditoria: determina com que regularidade as auditorias são conduzidas, o que pode variar de anual a trimestral, dependendo da necessidade de monitoramento.

- Independência e objetividade: a capacidade dos auditores de conduzir a auditoria sem conflitos de interesse ou preconceitos, garantindo uma avaliação imparcial e justa.

- Tecnologia e ferramentas de auditoria: o uso de softwares e ferramentas analíticas pode melhorar a precisão e a eficiência da auditoria, especialmente em grandes volumes de dados.

- Feedback e implementação de ações corretivas: a eficácia com que os achados da auditoria são comunicados e as ações corretivas são implementadas e monitoradas.

Essas variáveis influenciam diretamente a eficácia, a confiabilidade e os resultados de uma auditoria empresarial, determinando seu impacto no fortalecimento da governança e na melhoria contínua da organização.

A auditoria empresarial desempenha um papel crucial na garantia da integridade e eficiência das operações de uma organização. Além de avaliar a conformidade legal e regulatória, a auditoria examina a adequação dos controles internos, a precisão das demonstrações financeiras e a eficácia dos processos administrativos e operacionais.

Os resultados de uma auditoria empresarial não apenas ajudam a identificar fraquezas e prevenir fraudes, mas também fornecem recomendações práticas para otimizar processos, reduzir desperdícios e melhorar o desempenho geral da organização. Além disso, uma auditoria bem conduzida pode fortalecer a confiança de investidores, acionistas e outras partes interessadas ao demonstrar o compromisso da empresa com a transparência, responsabilidade e melhoria contínua.

Um dos aspectos cruciais das auditorias é a capacidade de fornecer uma avaliação independente da eficácia dos sistemas de controle interno. Isso é particularmente importante em grandes organizações, onde processos complexos e interdependentes podem gerar vulnerabilidades. A auditoria, ao identificar essas vulnerabilidades, permite que a empresa implemente medidas corretivas antes que problemas se tornem críticos.

Em termos de impacto organizacional, os resultados das auditorias podem ser utilizados para alinhar os objetivos e estratégias empresariais com as melhores práticas do mercado. Isso não apenas fortalece a competitividade da empresa, mas também melhora sua resiliência a longo prazo.

As auditorias empresariais são fundamentais para a manutenção da confiança de acionistas, investidores, clientes e outros stakeholders. Um relatório de auditoria positivo é um indicativo de que a empresa está sendo gerida de forma eficaz e responsável, o que pode atrair investimentos, melhorar a reputação da empresa e consolidar sua posição no mercado.

Portanto, as auditorias empresariais são uma ferramenta vital para garantir que uma organização opere de maneira eficiente, transparente e em conformidade com as melhores práticas. Elas não apenas identificam riscos e áreas de melhoria, mas também oferecem insights valiosos para a tomada de decisões estratégicas, fortalecendo a governança corporativa e a confiança dos stakeholders. Ao impulsionar a melhoria contínua e a inovação, as auditorias contribuem significativamente para a sustentabilidade e o sucesso a longo prazo da empresa, tornando-se um pilar indispensável na gestão moderna.

4.3. COMO CONTROLAR UMA EMPRESA?

Controlar de fato uma empresa exige a implementação de um conjunto robusto de práticas de gestão que garantam que as operações estejam alinhadas com os objetivos estratégicos e que os recursos sejam utilizados de maneira eficiente. Para isso, é essencial estabelecer um sistema de controle que inclua planejamento, monitoramento, análise e correção de desvios.

O controle inicia-se com um planejamento estratégico e operacional claro e exequível (*Balanced Scorecard* – BSC, por exemplo). Defina metas e objetivos específicos, mensuráveis, alcançáveis, relevantes e com prazo definido. Desdobre esses objetivos em planos operacionais (*Objectives and Key Results* – OKR, por exemplo) que orientem as ações diárias e alinhem as atividades de todos os setores da empresa.

> *Nota:* BSC é uma ferramenta de gestão estratégica que traduz a visão e a estratégia de uma empresa em objetivos e indicadores mensuráveis, distribuídos em quatro perspectivas: financeira, cliente, processos internos e aprendizado e crescimento. Cada perspectiva é analisada por meio de KPIs que monitoram o progresso em direção às metas estabelecidas. A implementação do BSC envolve definir a estratégia, escolher indicadores, estabelecer metas e iniciativas estratégicas, além de garantir o monitoramento contínuo e a comunicação clara para alinhar toda a organização com os objetivos estratégicos. O BSC proporciona um equilíbrio entre objetivos financeiros e não financeiros, promovendo o alinhamento estratégico, a clareza na comunicação e o foco no desempenho.

> *Nota:* OKR é uma metodologia de gestão que conecta objetivos claros e ambiciosos a resultados-chave mensuráveis. Os objetivos são metas qualitativas que definem o que se deseja alcançar, enquanto os resultados-chave são métricas quantitativas que medem como alcançar esses objetivos. A implementação envolve a definição de objetivos, desenvolvimento de resultados-chave, comunicação transparente, monitoramento contínuo e revisão periódica. OKRs promovem foco, alinhamento, transparência e flexibilidade, ajudando a organização a atingir metas estratégicas de maneira eficiente e mensurável.

PARA O PLANEJAMENTO ESTRATÉGICO UTILIZE-SE DE FERRAMENTAS COMO *HOSHIN KANRI*, BSC E OKR PARA COLABORAR NA EXECUÇÃO.

FAÇA UM PLANEJAMENTO PARA NO MÁXIMO DOIS ANOS, HOJE O MUNDO DOS NEGÓCIOS É MUITO DINÂMICO.

RECOMENDA-SE USAR TRILHAS PARA PLANEJAR A EMPRESA: FINANCEIRA, OPERAÇÃO, CLIENTES, PESSOAS, ESTRUTURAS E FISCAL.

Estabeleça KPIs para monitorar continuamente os aspectos críticos da operação, como finanças, produtividade, qualidade e satisfação do cliente. Esses indicadores devem ser regularmente revisados para assegurar que a empresa esteja no caminho certo.

Os principais **KPIs financeiros** que as empresas utilizam para monitorar seu desempenho incluem:

- Margem de Lucro Bruto, que mede a eficiência em gerar lucro após os custos diretos de produção;

- Margem de Lucro Operacional, que avalia a lucratividade antes de impostos e despesas financeiras;

- Margem de Lucro Líquido, que indica a lucratividade final após todas as despesas;

- ROI, que mede o retorno sobre os investimentos;

- ROE, que avalia o lucro gerado a partir do patrimônio dos acionistas;

- Retorno sobre o Ativo (*Return on Asset* – ROA), que mede a eficiência na utilização dos ativos para gerar lucro;

- Giro de Ativos, que indica a eficiência na geração de receitas com os ativos;

- Índice de Liquidez Corrente, que mede a capacidade de pagar obrigações de curto prazo;

- Índice de Endividamento, que avalia a dependência de financiamento por dívidas;
- Fluxo de Caixa Operacional, que mede a capacidade de gerar caixa a partir das operações principais da empresa.

Esses KPIs fornecem uma visão abrangente da saúde financeira, eficiência operacional e rentabilidade, sendo fundamentais para decisões estratégicas.

Os principais **KPIs relacionados a clientes** que as empresas utilizam para monitorar seu desempenho incluem:

- Satisfação do Cliente, que mede a satisfação dos clientes em relação aos produtos ou serviços oferecidos;
- Retenção de Clientes, que avalia a capacidade da empresa de manter seus clientes ao longo do tempo;
- NPS, que mede a probabilidade de os clientes recomendarem a empresa a outros;
- *Customer Lifetime Value* (CLV – valor da vida útil do cliente), que estima o valor total que um cliente trará para a empresa durante seu relacionamento;
- Custo de Aquisição de Clientes (CAC), que calcula o custo médio para adquirir novos clientes;
- Taxa de *Churn*, que mede o percentual de clientes que deixam de fazer negócios com a empresa em um determinado período;
- Taxa de Conversão, que avalia a eficácia das campanhas de marketing em transformar leads em clientes;
- Tempo de Resolução de Problemas, que mede a eficiência no atendimento ao cliente, indicando o tempo médio para resolver problemas ou reclamações.

Esses KPIs são cruciais para entender satisfação, lealdade e valor dos clientes, orientando estratégias para melhorar o relacionamento com o cliente e impulsionar o crescimento da empresa.

Os principais **KPIs relacionados a processos** que as empresas utilizam para monitorar seu desempenho incluem:

- Tempo de Ciclo, que mede o tempo total necessário para completar um processo desde o início até o fim;
- Eficiência Operacional, que avalia a relação entre a produção gerada e os recursos utilizados;
- Taxa de Erros, que indica o percentual de falhas ou defeitos em um processo;
- Produtividade, que mede a quantidade de output gerada por unidade de input em um processo;
- *Lead Time*, que avalia o tempo total desde a criação de um pedido até sua entrega;
- Taxa de Desperdício, que mede a quantidade de recursos não utilizados de forma eficaz;
- Capacidade de Produção, que indica o volume máximo de output que um processo pode produzir em um determinado período;
- Tempo de Parada, que mede o tempo em que um processo ou equipamento fica inativo devido a manutenções ou outros motivos.

Esses KPIs são essenciais para otimizar a eficiência, qualidade e produtividade dos processos, garantindo que a empresa opere de forma eficaz e competitiva.

Os principais **KPIs relacionados a pessoas** que as empresas utilizam para monitorar o desempenho incluem:

- *Turnover*, que mede a rotatividade de funcionários em uma empresa, indicando a frequência de entradas e saídas de colaboradores;
- Satisfação dos Funcionários, que mede o grau de contentamento dos colaboradores com o ambiente de trabalho;

- Taxa de Retenção de Talentos, que avalia a capacidade da empresa de manter seus funcionários ao longo do tempo;
- Índice de Absenteísmo, que mede a frequência de faltas dos colaboradores;
- Tempo Médio de Contratação, que avalia a eficiência do processo de recrutamento e seleção;
- Índice de Engajamento dos Funcionários, que mede o nível de envolvimento e motivação dos colaboradores em suas atividades;
- Produtividade por Colaborador, que avalia a quantidade de output gerada por cada funcionário;
- Índice de Treinamento, que mede o investimento em capacitação e desenvolvimento dos colaboradores.

Esses KPIs são fundamentais para entender e melhorar satisfação, retenção, engajamento e produtividade da equipe, garantindo que a empresa conte com uma força de trabalho motivada e eficiente.

Contudo, um conjunto robusto de práticas de gestão envolve diversas abordagens e técnicas que, quando implementadas de maneira integrada, garantem a eficiência, a eficácia e o sucesso sustentável de uma organização. A seguir estão alguns dos principais componentes desse conjunto.

- Planejamento estratégico: definição de missão, visão e valores; análise SWOT e estabelecimento de objetivos e metas.

- Gestão por indicadores (KPIs): indicadores de desempenho.

- Gestão de pessoas: recrutamento e seleção eficaz; treinamento e desenvolvimento; avaliação de desempenho e gestão de clima organizacional.

- Gestão financeira: gestão de fluxo de caixa; orçamento empresarial e análise de rentabilidade.

- Gestão de processos: mapeamento de processos; melhoria contínua (*Kaizen*); *lean management* e automação de processos (BPM – usa tecnologia para automatizar e otimizar processos repetitivos).

- Gestão da qualidade: sistemas de gestão da qualidade para garantir produtos e serviços consistentes e de alta qualidade e o Controle Estatístico de Processos (CEP).

- Gestão de inovação: *Design Thinking*; inovação aberta (colabora com parceiros externos para acelerar a inovação) e gestão do portfólio de inovação.

- Gestão de riscos e conformidade: compliance (garante que a empresa esteja em conformidade com leis, regulamentos e normas internas); gestão de riscos corporativos e auditorias internas.

- Governança corporativa: transparência e prestação de contas; conselho de administração eficaz e ética e responsabilidade social.

- Gestão da tecnologia da informação: segurança da informação; transformação digital e gestão de infraestrutura de TI.

- Gestão de relacionamento com clientes (CRM): gerencia interações com clientes para melhorar o relacionamento e fidelidade.

- Sustentabilidade e responsabilidade social: gestão ambiental; responsabilidade social corporativa; relatórios de sustentabilidade e governança ambiental, social e corporativa (*Environment, Social and Governance* – ESG).

> Nota: O *ESG avalia a sustentabilidade e o impacto de uma empresa. Ele analisa práticas ambientais, responsabilidade social e estruturas de governança. Investidores utilizam o ESG para identificar riscos e oportunidades a longo prazo, favorecendo empresas com bom desempenho em ESG por serem mais sustentáveis e eticamente geridas.*

- Gestão de cadeia de suprimentos: *Supply Chain Management* (SCM); logística e distribuição e gestão de relacionamento com fornecedores.

- Tomada de decisões baseada em dados: *Big Data* (utiliza grandes volumes de dados para identificar padrões e insights que orientem decisões estratégicas); *Business Intelligence* (BI) (constrói *dashboards* e relatórios que auxiliam na tomada de decisões informadas) e modelagem preditiva (usa estatísticas e algoritmos para prever resultados futuros e orientar a estratégia empresarial).

- Gestão de projetos: *Project Management Body of Knowledge* (PMBOK) e metodologias ágeis (*Scrum, Kanban*).

> EXPERIÊNCIA Case – EMPRESA Q (GESTÃO DE PROJETOS COM RESULTADOS): certa vez, gerenciei projetos em uma grande empresa. Quando me chamaram, o desafio inicialmente eram muitos projetos parados (mais de 200), além de a empresa estar passando por um momento de dificuldades financeiras. Quando assumi, juntei a equipe e fizemos uma reclassificação desses projetos, a maioria era processo contínuo (não projeto), alguns reclassificamos como táticos (projetos de áreas específicas) e outros como estratégicos. Como a empresa estava em um momento delicado financeiramente, elegemos entre os estratégicos seis projetos financeiros. Além de categorizarmos, executamos os projetos de forma muito simples inicialmente (somente escopo, cronograma e algumas avaliações financeiras), pois a empresa não tinha cultura de projetos. Tivemos excelentes resultados e, à medida que fomos alcançando esses resultados, fomos implantando (ou testando) outras ferramentas de gerenciamento de projetos.

Para implementar projetos de forma simples, defina objetivos claros, divida o projeto em tarefas menores, priorize as mais importantes, alinhe recursos, estabeleça prazos curtos, monitore o progresso e ajuste quando necessário, mantendo sempre uma comunicação clara com a equipe. Essa abordagem torna a execução mais eficiente e organizada.

Controlar de fato uma empresa é um processo dinâmico que requer vigilância contínua, uso eficaz de ferramentas de gestão e uma cultura organizacional que valorize a excelência e a responsabilidade. Com esses elementos em prática, você pode garantir que a empresa opere de maneira eficiente e esteja preparada para alcançar seus objetivos estratégicos.

Portanto, para controlar a empresa e tomar decisões precisas, é essencial implementar sistemas de gestão eficientes, que integrem dados financeiros e operacionais, além de utilizar KPIs para monitorar resultados. A análise de dados em tempo real e a adoção de boas práticas de governança ajudam a manter o controle e a fundamentar decisões estratégicas com precisão.

4.4. COMO TOMAR DECISÕES PRECISAS?

Os dados são fundamentais para a tomada de decisão, especialmente em ambientes empresariais, onde as decisões informadas podem impactar significativamente o sucesso e a competitividade da organização. Tomar decisões precisas envolve um processo estruturado que combina análise de dados, pensamento crítico e experiência.

TODO PROBLEMA TEM UMA SOLUÇÃO, DEPENDE APENAS DO TEMPO QUE SE TOMA A AÇÃO. SEJA RÁPIDO NA TOMADA DE DECISÃO. SE ESTÁ ERRADO, CORRIJA.

Entenda exatamente o que precisa ser resolvido ou alcançado. Uma definição clara ajuda a focar a análise e as opções. Reúna todas as informações e dados relevantes que possam impactar a decisão. Utilize fontes confiáveis e verifique a precisão dos dados. Use técnicas de análise quantitativa e qualitativa para interpretar os dados, identificando padrões, tendências e insights.

Explore diferentes opções e cenários. Avalie as vantagens e desvantagens de cada alternativa, considerando seus impactos a curto e longo prazos. Use ferramentas como análise SWOT ou análise de custo-benefício para comparar as alternativas.

Identifique os potenciais riscos e benefícios de cada alternativa. Considere a probabilidade e o impacto de diferentes cenários e como eles podem afetar o resultado desejado. Use matrizes de risco ou simulações para prever possíveis desafios e desenvolver estratégias de mitigação.

Baseie sua escolha em análise de dados, avaliação de riscos e objetivos definidos. Certifique-se de que a decisão esteja alinhada com os valores e metas estratégicas da organização ou indivíduo. Se possível, obtenha feedback de partes interessadas ou especialistas para validar sua escolha.

Desenvolva um plano de ação detalhado para colocar a decisão em prática. Defina responsabilidades, prazos e recursos necessários para a implementação. Monitore o progresso continuamente para garantir que a implementação esteja no caminho certo e faça ajustes conforme necessário.

Após a implementação, avalie os resultados em relação aos objetivos iniciais. Determine se a decisão alcançou o impacto desejado e identifique lições aprendidas para decisões futuras. Use KPIs para medir o sucesso e faça revisões para otimizar processos e melhorar futuras decisões.

Tomar decisões precisas requer um equilíbrio entre análise detalhada e ação decisiva, considerando tanto os dados disponíveis quanto a intuição e experiência. Seguindo um processo estruturado, você pode aumentar a probabilidade de tomar decisões que levem a resultados positivos e sustentáveis.

5

GESTÃO SIMPLES ASSIM

Finalizando esta obra, percebe-se o enfoque de simplificação da gestão. Principalmente os capítulos 2, 3 e 4 apresentaram diversas ferramentas e técnicas de gestão e controles. Esses capítulos citados foram estruturados para nortear o dia a dia de gestão em uma empresa. Gestão é simples, inicia-se primeiro com as pessoas, tenha foco e atenção nisso! São essas pessoas que irão organizar os processos (com técnicas e fermentas, ou não) e os resultados serão refletidos nos controles e no crescimento da organização.

A interação entre pessoas, processos e controles é crucial para o sucesso de qualquer organização. Pessoas são os agentes que executam os processos e aplicam os controles, trazendo habilidades, conhecimentos e motivações que impactam diretamente a eficiência operacional e a eficácia da empresa. Processos bem definidos e estruturados facilitam o trabalho das pessoas, assegurando clareza, integração entre departamentos e permitindo melhorias contínuas.

Pessoas são as protagonistas que implementam processos e exercem controles. Competências, conhecimentos e motivação são essenciais para a execução eficaz dos processos e para garantir que os controles sejam aplicados de maneira apropriada. Além disso, o nível de engajamento e a cultura organizacional influenciam diretamente a forma como os processos são seguidos e como os controles são respeitados.

PESSOAS SÃO AS PROTAGONISTAS QUE IMPLEMENTAM PROCESSOS E EXERCEM CONTROLES.

Processos são as sequências de atividades que estruturam o trabalho dentro da organização. Quando bem definidos, eles proporcionam clareza e eficiência, facilitando o trabalho das pessoas e eliminando ambiguidades. Processos eficientes são integrados, permitindo um fluxo de trabalho suave entre diferentes departamentos e áreas, o que é essencial para a produtividade. Além disso, processos que são continuamente avaliados e melhorados com base no feedback das pessoas e nos dados dos controles contribuem para a agilidade organizacional e para a capacidade de adaptação às mudanças no mercado ou na tecnologia.

QUANTO MAIS ORGANIZADOS OS PROCESSOS, MAIS SE CONSEGUE CONEXÃO NO FUNCIONAMENTO DA EMPRESA.

Controles são os mecanismos que monitoram e avaliam o desempenho das pessoas e a eficácia dos processos. Eles garantem que as operações estejam em conformidade com as normas regulatórias e políticas internas, protegendo a organização contra riscos e garantindo a qualidade. Controles eficazes proporcionam um fluxo contínuo de feedback, que é essencial para a melhoria contínua dos processos e para o desenvolvimento das pessoas. Eles também permitem ajustes rápidos em resposta a desvios, assegurando que os objetivos organizacionais sejam alcançados.

CONTROLES SÃO OS MECANISMOS QUE MONITORAM E AVALIAM O DESEMPENHO DAS PESSOAS E A EFICÁCIA DOS PROCESSOS.

A sinergia entre pessoas, processos e controles é vital para que a organização funcione de maneira eficaz e alcance seus objetivos estratégicos. Alinhamento estratégico entre esses elementos promove um ambiente de alta performance, onde pessoas motivadas e bem treinadas executam processos eficientes, enquanto os controles asseguram a qualidade e a conformidade. Além disso, essa interação eficaz permite que a organização seja flexível e adaptável às mudanças, tanto no ambiente interno quanto externo, resultando em benefícios como maior produtividade, qualidade consistente, redução de custos e maior satisfação do cliente.

A interação entre pessoas, processos e controles é o alicerce que sustenta o desempenho e o crescimento sustentável de qualquer organização. Cada um desses elementos desempenha um papel crucial e a forma como eles se interconectam determina a eficiência e a eficácia das operações.

Em conclusão, a interação eficaz entre pessoas, processos e controles é o pilar fundamental para o sucesso e a sustentabilidade de qualquer organização. Quando esses elementos estão alinhados e operam em sinergia, a organização se torna mais eficiente, ágil e capaz de responder às demandas do mercado com qualidade e inovação. Pessoas motivadas e conectadas à cultura da empresa são capazes de otimizar processos e aplicar controles de forma eficaz, enquanto processos bem definidos e controles rigorosos garantem que as operações fluam de maneira ordenada e produtiva. Essa integração não só melhora os resultados imediatos, como também constrói uma base sólida para a melhoria contínua, a inovação e o crescimento a longo prazo. Gestão é simples!

REFERÊNCIAS

AKAO, Y. **Quality Function Deployment**: Integrating Customer Requirements into Product Design. Cambridge: Productivity Press, 1990.

BROWN, T. Design thinking. **Harvard Business Review**, [S. l.], v. 86, n. 6, p. 84-92, 2008.

COOPER, R. G. Stage-Gate systems: a new tool for managing new products. **Business Horizons**, [S. l.], v. 33, n. 3, p. 44-54, 1990.

DICKSEE, L. R. **Auditing**: A Practical Manual for Auditors. London: Gee & Co., 1892.

DRUCKER, P. F. **The Practice of Management**. New York: Harper & Row, 1954.

KOTLER, P.; KELLER, K. L. **Marketing Management**. 14. ed. Upper Saddle River: Pearson Prentice Hall, 2012.

LEVITT, T. Exploit the product life cycle. **Harvard Business Review**, [S. l.], v. 43, n. 6, p. 81-94, 1965.

MASLOW, A. H. **Motivation and Personality**. 3. ed. New York: Harper & Row, 1987.

OHNO, T. **Toyota Production System**: Beyond Large-Scale Production. Portland: Productivity Press, 1988.

PORTER, M. E. **Competitive Strategy**: Techniques for Analyzing Industries and Competitors. New York: Free Press, 1980.

RACKHAM, N. **SPIN Selling**. 1. ed. New York: McGraw-Hill, 1988.

ULRICH, D. **Human Resource Champions**: The Next Agenda for Adding Value and Delivering Results. Boston: Harvard Business School Press, 1997.